형제가 함께 간

한국의 100명산 산행기 (하)

경상도 · 전라도 지역 명산

형제가 함께 간

한국의
100명산
산행기 (하)

경상도 · 전라도 지역 명산

초판인쇄 2022년 9월 2일
초판발행 2022년 9월 2일

지은이 최병욱 · 최병선
펴낸이 채종준
펴 낸 곳 한국학술정보(주)
주   소 경기도 파주시 회동길 230(문발동)
전   화 031-908-3181(대표)
팩   스 031-908-3189
홈페이지 http://ebook.kstudy.com
E-mail 출판사업부 publish@kstudy.com
등   록 제일산-115호(2000. 6. 19)

ISBN   979-11-6801-573-9 13980

형제가 함께 간

한국의 100명산 산행기 (하)

경상도 · 전라도 지역 명산

글 · 사진 **최병욱 · 최병선**

이담북스

한국의 100명산 완등!
버킷리스트의 꿈을 이루다!

버킷리스트! 죽기 전에 꼭 해보고 싶은 일들!

점이 모여서 선이 되듯이, 한순간 한순간이 쌓여서 한 사람의 일생이 된다. 백 년이란 세월이 긴 듯하여도 지난날을 되돌아보면 아주 짧은 시간일 것 같다.

백두대간종주 3회, 국내산 등산 1,500회, 해외여행 20회를 인생의 목표로 정해 놓고, 열심히 실천하여 목표를 달성했다. 사람들은 돈과 명예와 권력을 얻으려고 노력하는데, 나는 돈을 쓰는 데 목표를 두었다. 지금은 보람되고 후회도 없다.

인생 백세 시대를 맞이하여 새로운 버킷리스트를 작성했다. 한국의 100명산을 완등하는 것도 버킷리스트 중의 하나였다.

등산을 하려면 어떤 산을, 언제, 누구와, 무엇을 볼 것인가가 중요하다.

봄에는 벚꽃, 진달래, 철쭉을 보고, 여름에는 시원한 계곡에서 피서를 즐기며, 가을에는 단풍과 억새를 보고, 겨울에는 설경이 좋은 산을 찾는다.

설악산, 지리산, 한라산은 사시사철 언제, 어느 코스로 가도 좋고, 북한산, 월출산, 가야산의 만물상 코스는 암릉미가 뛰어나며, 소백산과 태백산은 철쭉제로 유명하고, 오대산 소금강은 명승 1호답게 계곡미를 자랑한다. 내장산, 주왕산, 속리산의 단풍과 덕유산, 태백산의 설경도 꼭 봐야 할 곳이다.

블랙야크 알파인클럽에서 '블랙야크 100대명산' 프로그램을 운영하고 있었다. 전국적으로 지역을 고려하여 100대 명산을 선정해서, 정해진 규정에 따라 완등을 인증해주는 시스템이다. 일반적으로 등산을 하면, 집에서 가까운 산을 가거나, 갔던 산을 또 가거나 할 텐데, 이 프로그램 덕분에 전국의 100명산을 두루 등산하게 되었다. 블랙야크 알파인클럽에 진심으로 감사드린다. 산에 갈 때마다 정상에서 인증사진을 찍으려고 사람들이 몰려있다. 이 프로그램이 우리나라의 등산 열풍을 일으키는데 크게 기여한 것 같다.

　나를 중심으로 부인과 셋째 제수씨, 일곱째 동생. 이렇게 형제 4명으로 구성된 팀이다. 동생은 K9을 구입하여 운전을 책임지고, 제수씨는 음료수와 간식을 담당하며, 부인은 분위기 메이커, 나는 전체를 총괄하고 기획 및 운영을 담당했다. 2년 동안 우리만의 힘으로 아무런 사고 없이 블랙야크 100명산을 완등했다. 덕분에 형제지간의 정도 돈독해지고, 더욱 서로를 아끼고 사랑하게 되었다. 이어서 지리산 둘레길을 완주하였으며, 여세를 몰아 남파랑길을 완주할 목적으로 주말마다 남파랑길 구간을 걷는 중이다.

산을 오를 때마다 이 산은 이번이 마지막이라는 기분으로 곳곳을 등산했다. 내가 산행할 때 필요했던 점을 고려하여, 앞으로 등산할 사람에게 좋은 자료가 되려고 노력했다. 많은 참고가 되기를 바라면서….

2022년 8월

대전관라산 최 병 욱

1. 어떤 산을 등산할 것인가?

경치를 구경할 것인가? 계곡을 즐길 것인가? 암릉을 탈 것인가?
종주산행을 할 것인가를 고려해 등산 목적에 적합한 산을 선정한다.

① 봄철 벚꽃이 유명한 산

　진해 군항제, 화개장터 벚꽃축제, 섬진강변 벚꽃축제, 내변산,

　계룡산, 칠갑산, 금수산, 백운산, 마이산

② 봄철 진달래가 유명한 산

　비슬산, 화왕산, 영취산, 천주산, 무학산, 종남산, 거제 계룡산, 고려산

③ 봄철 철쭉으로 유명한 산

　황매산, 바래봉, 소백산, 제암산, 태백산, 덕유산, 주왕산, 지리산

　세석평전, 한라산 영실, 연인산, 봉화산, 초암산, 오봉산, 서리산

④ 여름철 유명한 계곡

　가평 용추계곡, 양평 사나사계곡, 포천 백운계곡, 동해 무릉계곡,

　강릉 청학동소금강, 삼척 덕풍계곡, 설악산 천불동계곡, 양양 주

　전골, 인제 진동계곡, 괴산 쌍곡계곡, 선유동계곡, 영동 물한계곡,

논산 수락계곡, 공주 갑사계곡, 울진 불영사계곡, 청송 주왕계곡,
밀양 얼음골, 지리산 칠선계곡, 백무동계곡, 대원사계곡, 뱀사골,
피아골, 무주 구천동계곡, 부안 봉래구곡, 제주 탐라계곡

⑤ 가을철 단풍이 유명한 산

설악산, 오대산, 조령산, 속리산, 적상산, 내장산, 백암산, 가야산,
지리산 피아골, 북한산, 독립기념관

⑥ 가을철 억새로 유명한 산

화왕산, 민둥산, 신불산, 지리산 만복대, 오서산, 천관산, 무등산,
제주 용눈이오름, 아끈다랑쉬오름

⑦ 겨울철 설경이 유명한 산

지리산, 덕유산, 태백산, 소백산, 설악산, 한라산, 무등산, 함백산,
선자령, 백화산

⑧ 암릉으로 유명한 산

설악산 공룡능선, 용아장성, 황석산, 달마산, 덕룡산, 홍천 팔봉산,

대둔산, 팔영산, 마니산, 가야산 만물상, 관룡산, 선운산, 운악산, 도봉산, 북한산

⑨ 종주산행

백두대간, 호남정맥, 낙동정맥, 지리산, 설악산, 덕유산, 영남알프스, 충북알프스, 호남알프스, 수불도북, 가팔환초, 천성장마

2. 무엇을 준비해야 하는가?

① 복장

- 반드시 등산복과 윈드자켓을 착용하고 청바지와 패딩은 피한다. 산행 중에 겉옷은 상황에 따라 수시로 입고 벗어서 체온을 조절한다.
- 가급적 긴팔 상의와 긴바지를 착용한다. 런닝은 입지 않고, 겨울철에 면내의는 저체온증에 대비하여 입지 않는다. 하산 후에 갈아입을 수 있도록 여분의 옷을 반드시 준비한다.
- 등산용 모자와 선글라스를 착용한다.

• 장갑과 등산용 양말을 준비하고, 산행 시간이 길면 도중에 양말을 한번 갈아 신는다.

• 아무리 가까운 거리라도 반드시 등산화를 착용한다.

② 장비 및 기타

• 배낭은 당일 산행일 경우 일반적으로 40리터 크기를 사용한다. 배낭커버를 반드시 부착하고, 무거운 것은 위쪽에, 가벼운 것은 아래쪽에 넣어서 좌우균형을 유지하며, 자주 사용하는 물건은 쉽게 꺼낼 수 있도록 가까이 넣고, 밖에는 아무것도 매달지 않는다.

• 스틱은 2개 한 쌍을 준비하고, 사용방법을 숙지한다.

• 우의와 헤드랜턴(건전지 포함), 대일밴드, 겨울철에는 아이젠, 스패치, 핫팩을 준비한다.

• 산행지도(1:50,000), 메모용 수첩과 필기구 등을 준비한다.

③음식물

- 보온도시락을 사용하여 자기가 가장 좋아하는 음식을 준비한다. 김밥과 라면은 가급적 피한다. 여름철 김밥은 4시간이 지나면 상하기 쉽고, 라면은 소화가 잘 안 된다.
- 행동식으로 사탕, 자유나라, 초콜릿, 영양갱, 곶감, 건포도 등과 사과, 귤, 포도, 방울토마토, 바나나 등의 과일을 준비한다. 산에서 과일 껍질은 절대로 버리지 않는다.
- 산행 중에는 절대로 술을 마시지 않는다. 산악사고의 원인이 된다. 산행을 마치고 내려와서 술을 마신다.
- 물을 충분히 준비한다. 콜라나 음료수, 맥주보다 생수가 좋다. 여름에는 시원하게 얼려서 가지고 가도 좋고, 겨울철에는 보온병에 따뜻한 물을 준비하면 좋다.

3. 누구와 어떻게 갈 것인가?

혼자 갈 것인가? 몇 명이서 함께 갈 것인가? 산악회를 이용할 것인가?

산악회를 이용하면 교통 편과 등산 코스를 제공해 줌으로 편리하나 개인행동이 어렵고, 혼자서 가면 코스 결정이나 시간 조절은 자유로운 반면 모든 문제를 스스로 해결해야 한다.

당일 산행일 경우, 서너 명이 한 팀이 되어서 자가용을 이용하여 다녀오는 것도 여러 가지 면에서 이상적이다. 반드시 리더를 정하여 산행을 마칠 때까지 의견과 행동을 통일하여야 한다.

4. 산행 시 주의사항

① 등산을 하기 전에 허리, 발목, 어깨 등 충분히 준비운동을 한다.

② 등산을 할 때는 처음부터 무리하게 걷지 말고, 20~30분 정도 워밍 엽을 한 후에 오르며, 이후 50분 정도 등산하면 10분 정도 쉬도록 한다.

③ 등산 시작 시간은 가급적 일찍 할수록 좋고, 하산시간은 일몰 한

시간 전에는 하산해야 한다. 가급적이면 야간산행은 피한다.

④ 지정등산로를 사용하고, 샛길이나 출입금지구역은 가지 않는다.

⑤ 봄철에는 겨울철에 얼었던 땅이 녹으면서 미끄러짐에 주의하고, 잔설, 빙판, 낙석, 낙빙 등을 주의한다.

⑥ 봄철 산행 시 가벼운 옷차림으로 출발했다면 저체온증에 대비하여 여벌의 옷을 준비해야 한다.

⑦ 여름철 강한 햇볕에 장시간 노출하면 일사병이나 열사병에 걸릴 수 있으므로, 가급적 숲이나 계곡을 이용하고 물을 수시로 충분히 마신다. 땀을 많이 흘림으로 발생하는 탈진 및 저체온증에 주의한다.

⑧ 폭우나 악천후로 불어나는 계곡의 급류나 산사태에 주의하고, 일기예보를 확인하여 태풍 시에는 등산을 가지 않는다. 우천시 배낭 커버와 우의를 반드시 준비한다.

⑨ 여름철에는 해충이 많으므로 풀숲에 들어가지 말고, 지정등산로를 이용하며 긴팔과 긴바지를 착용한다.

⑩ 가을철에는 멧돼지, 뱀, 벌 등 독충을 조심하고, 낙엽이 쌓여 산불이 발생하기 쉬우므로 인화물질을 소지하지 않는다. 대피소의 지정된 장소 이외에서는 취사할 수 없으며, 산에서는 담뱃불도 조심해야 한다.

⑪ 겨울철에는 폭설과 혹한에 대비하여 아이젠, 스패치, 핫팩, 스틱, 방한복 등을 준비해야 한다. 땀이 식을 때 체온이 급격히 떨어져 저체온증이 올 수 있으므로 수시로 옷을 갈아입어 체온을 유지해야 한다.

⑫ 국립공원과 산림청 산하에서는 봄철에 산나물 채취, 가을철에 도토리, 각종 열매 등의 채취를 금지하고 있다. 채취하다가 적발되면 벌금 5,000만원 이하의 과태료나 5년 이하의 징역에 처하게 된다. 허가 없는 임산물 채취는 절도죄에 해당된다.

⑬ 국립공원과 산림청 산하에서는 매년 봄철 산불조심기간 : 02월 01일 ~ 05월 15일, 가을철 산불조심기간 : 11월 01일 ~ 12월 15일 동안 지정등산로 외에 입산을 금지하고 있다. 매년 조금씩 기간이 변경되기도 한다.

블랙야크 100 명산 목록

1. 상권 24개산 명단(국립공원명산)

순위	산 이름	산 이름	정상	높이	위치	등산일시	비고
01	지 리 산	智異山	천 왕 봉	1,915	경상남도 함양군	2019. 06. 02	제 1호
02	반 야 봉	般若峰	반 야 봉	1,732	전라북도 남원시	2018. 09. 30.	제 1호
03	계 룡 산	鷄龍山	천 황 봉	847	충청남도 공주시	2018. 05. 10.	제 2호
04	경주 남산	金鰲山	금 오 산	468	경상북도 경주시	2018. 12. 29.	제 2호
05	설 악 산	雪嶽山	대 청 봉	1,708	강원도 속초시	2020. 06. 06.	제 5호
06	한 라 산	漢拏山	백 록 담	1,950	제주도 제주시	2019. 08. 16.	제 5호
07	속 리 산	俗離山	천 왕 봉	1,058	충청북도 보은군	2019. 10. 27.	제 5호
08	내 장 산	內臟山	신 선 봉	763	전라북도 정읍시	2019. 01. 05.	제 8호
09	백 암 산	白岩山	상 왕 봉	741	전라남도 장성군	2019. 01. 06.	제 8호
10	가 야 산	伽倻山	우 두 봉	1,430	경상남도 합천군	2018. 11. 11.	제 9호
11	덕 유 산	德裕山	향 적 봉	1,614	전라북도 무주군	2018. 06. 06.	제10호
12	오 대 산	五臺山	비 로 봉	1,563	강원도 강릉시	2019. 06. 30.	제10호
13	노 인 봉	老人峰	노 인 봉	1,338	강원도 강릉시	2019. 06. 29.	제10호
14	주 왕 산	周王山	주 봉	720	경상북도 청송군	2019. 05. 05.	제12호
15	북 한 산	北漢山	백 운 대	836	서울시 성북구	2020. 04. 30.	제15호
16	도 봉 산	道峰山	신 선 대	726	서울시 도봉구	2020. 05. 05.	제15호
17	치 악 산	雉岳山	비 로 봉	1,288	강원도 원주시	2019. 06. 06.	제16호
18	월 악 산	月岳山	영 봉	1,097	충청북도 제천시	2018. 11. 25.	제17호
19	소 백 산	小白山	비 로 봉	1,440	충청북도 단양군	2018. 05. 27.	제18호
20	내 변 산	內邊山	관 음 봉	424	전라북도 부안군	2018. 10. 09.	제19호
21	월 출 산	月出山	천 황 봉	809	전라남도 영암군	2018. 06. 23.	제20호
22	무 등 산	無等山	서 석 대	1,187	광주광역시 북구	2018. 06. 24.	제21호
23	태 백 산	太白山	장 군 봉	1,567	강원도 태백시	2018. 05. 06.	제22호
별첨	백 두 산	白頭山	장 군 봉	2,750	중 국 길림성	2007. 07. 30.	

2. 중권 41개산 명단(서울, 경기, 강원, 충남, 충북)

순위	산 이름	산 이름	정상	높이	위치	등산일시	비고
24	수 락 산	水 落 山	주 봉	637	서울시 노원구	2020. 01. 19.	
25	관 악 산	冠 岳 山		629	서울시 관악구	2019. 12. 25.	
26	청 계 산	淸 溪 山	매 봉	583	서울시 서초구	2019. 05. 26.	
27	화 악 산	華 岳 山	중 봉	1,446	경기도 가평군	2020. 05. 17.	
28	명 지 산	明 智 山		1,267	경기도 가평군	2020. 05. 02.	
29	용 문 산	龍 門 山		1,157	경기도 양평군	2019. 04. 13.	
30	연 인 산	戀 人 山		1,068	경기도 가평군	2020. 04. 12	
31	운 악 산	雲 岳 山	동 봉	938	경기도 가평군	2020. 03. 14.	
32	유 명 산	有 明 山		862	경기도 가평군	2020. 06. 14.	
33	천 마 산	天 摩 山		812	경기도 남양주시	2020. 01. 12.	
34	감 악 산	紺 岳 山		675	경기도 파주시	2020. 04. 04.	
35	소 요 산	消 遙 山	의상대	587	경기도 동두천시	2019. 06. 15.	
36	마 니 산	摩 尼 山		472	인천광역시 강화군	2019. 06. 16.	
37	계 방 산	桂 芳 山		1,577	강원도 평창군	2019. 07. 06.	
38	함 백 산	咸 白 山		1,573	강원도 태백시	2018. 05. 05.	
39	가 리 왕 산	加 里 旺 山		1,561	강원도 정선군	2019. 07. 07.	
40	방 태 산	芳 台 山	주억봉	1,444	강원도 인제군	2019. 09. 21.	
41	두 타 산	頭 陀 山		1,353	강원도 동해시	2019. 08. 25.	
42	백 덕 산	白 德 山		1,350	강원도 평창군	2019. 06. 23.	
43	덕 항 산	德 項 山		1,071	강원도 삼척시	2020. 02. 16.	
44	가 리 산	加 里 山		1,051	강원도 홍천군	2019. 08. 04.	

순위	산 이름	산 이름	정상	높이	위치	등산일시	비고
45	태 화 산	太 華 山		1,027	강원도 영월군	2019. 06. 22	
46	감 악 산	紺 岳 山		945	강원도 원주시	2019. 08. 03.	
47	백 운 산	白 雲 山		882	강원도 정선군	2018. 05. 07.	
48	용 화 산	龍 華 山		878	강원도 화천군	2019. 09. 28.	
49	오 봉 산	五 峰 山		779	강원도 춘천시	2019. 09. 29.	
50	삼 악 산	三 岳 山	용화봉	654	강원도 춘천시	2019. 11. 23.	
51	팔 봉 산	八 峰 山	2 봉	327	강원도 홍천군	2019. 11. 17.	
52	대 둔 산	大 芚 山	마천대	878	충청남도 논산군	2018. 06. 07.	
53	오 서 산	烏 棲 山		791	충청남도 보령시	2018. 06. 13.	
54	광 덕 산	廣 德 山		699	충청남도 아산시	2019. 03. 10.	
55	가 야 산	加 倻 山	가야봉	678	충청남도 서산시	2018. 07. 07.	
56	칠 갑 산	七 甲 山		561	충청남도 청양군	2019. 09. 30.	
57	용 봉 산	龍 鳳 山		381	충청남도 홍성군	2018. 12. 23.	
58	조 령 산	鳥 嶺 山		1,017	충청북도 괴산군	2018. 10. 13.	
59	금 수 산	錦 繡 山		1,016	충청북도 단양군	2019. 04. 21.	
60	청 화 산	靑 華 山		970	충청북도 괴산군	2018. 10. 07.	
61	도 락 산	道 樂 山		964	충청북도 단양군	2018. 05. 26.	
62	구 병 산	九 屛 山		876	충청북도 보은군	2018. 06. 17.	
63	칠 보 산	七 寶 山		778	충청북도 괴산군	2019. 09. 08.	
64	천 태 산	天 台 山		715	충청북도 영동군	2019. 10. 05.	

3. 하권 36개산 명단(경남, 경북, 전남, 전북)

순위	산 이름	산 이름	정상	높이	위치	등산일시	비고
65	황 석 산	黃 石 山		1,192	경상남도 함양군	2019. 03. 31.	
66	재 약 산	載 藥 山		1,108	경상남도 밀양시	2019. 04. 27.	
67	황 매 산	黃 梅 山		1,113	경상남도 합천군	2019. 05. 01.	
68	천 성 산	千 聖 山	원효봉	922	경상남도 양산시	2019. 11. 03.	
69	금 정 산	金 井 山	고당봉	802	부산광역시 금정구	2019. 12. 14.	
70	화 왕 산	火 旺 山		757	경상남도 창녕군	2018. 10. 03.	
71	황 악 산	黃 嶽 山		1,111	경상북도 김천시	2018. 08. 05.	
72	주 흘 산	主 屹 山	주흘영봉	1,106	경상북도 문경시	2018. 10. 14.	
73	응 봉 산	鷹 峰 山		999	경상북도 울진군	2019. 08. 24.	
74	금 오 산	金 烏 山	현월봉	976	경상북도 구미시	2019. 01. 01.	
75	대 야 산	大 耶 山		931	경상북도 문경시	2018. 08. 15.	
76	청 량 산	淸 凉 山	장인봉	870	경상북도 봉화군	2019. 05. 06.	
77	내 연 산	內 延 山	삼지봉	711	경상북도 포항시	2019. 05. 04.	
78	가 지 산	加 智 山		1,241	울산광역시 울주군	2019. 11. 02.	
79	신 불 산	神 佛 山		1,159	울산광역시 울주군	2019. 04. 28.	
80	팔 공 산	八 公 山	비로봉	1,193	대구광역시 동 구	2018. 12. 30.	
81	비 슬 산	琵 瑟 山	천왕봉	1,084	대구광역시 달성군	2018. 04. 29.	
82	백 운 산	白 雲 山	상 봉	1,222	전라남도 광양시	2019. 03. 02.	
83	조 계 산	曹 溪 山	장군봉	884	전라남도 순천시	2018. 11. 17.	
84	동 악 산	動 樂 山		735	전라남도 곡성군	2018. 12. 16.	
85	천 관 산	天 冠 山	연대봉	723	전라남도 장흥군	2018. 11. 18.	

순위	산 이름	산 이름	정상	높이	위치	등산일시	비고
86	두 륜 산	頭 輪 山	가 련 봉	703	전라남도 해남군	2019. 03. 23.	
87	축 령 산	祝 靈 山		621	전라남도 장성군	2018. 08. 04.	
88	팔 영 산	八 影 山	깃 대 봉	609	전라남도 고흥군	2019. 03. 01.	
89	불 갑 산	佛 甲 山	연 실 봉	516	전라남도 영광군	2018. 12. 25.	
90	달 마 산	達 摩 山	달 마 봉	489	전라남도 해남군	2019. 03. 24.	
91	덕 룡 산	德 龍 山	서 봉	433	전라남도 강진군	2019. 10. 09.	
92	민 주 지 산	岷 周 之 山		1,242	전라북도 무주군	2018. 05. 01.	
93	장 안 산	長 安 山		1,237	전라북도 장수군	2018. 06. 12	
94	바 래 봉	바 래 봉	바 래 봉	1,165	전라북도 남원시	2019. 02. 02.	
95	운 장 산	雲 長 山	운 장 대	1,126	전라북도 진안군	2018. 07. 15.	
96	구 봉 산	九 峯 山	천 왕 봉	1,002	전라북도 진안군	2018. 06. 22.	
97	모 악 산	母 岳 山		794	전라북도 김제시	2018. 08. 25.	
98	방 장 산	方 丈 山		743	전라북도 장성군	2018. 12. 08.	
99	마 이 산	馬 耳 山	암마이봉	686	전라북도 진안군	2018. 04. 28.	
100	선 운 산	禪 雲 山	수 리 봉	336	전라북도 고창군	2018. 12. 09.	

* 상권(1~23 : 23개 국립공원명산 + 백두산—별첨)
  중권(24~64 : 서울, 경기, 강원, 충남, 충북지역; 지역별 높이순)
  하권(65~100 : 경남, 경북, 전남, 전북지역; 지역별 높이순)

블랙야크 100 명산 위치도

경기도
용화산
화악산
설악산
소요산
감악산 명지산 오봉산
운악산 방태산
연인산 오대산 노인봉
삼악산 가리산
도봉산 수락산 팔봉산 계방산
마니산 북한산 천마산 강원도
관악산 유명산 용문산
청계산
가리왕산 두타산
치악산 백덕산 백운산 덕항산
감악산 함백산 응봉산
금수산 태화산 태백산
충청북도
소백산
월악산
충청남도 조령산 주흘산 청량산
가야산 대야산 칠보산
용봉산 광덕산 속리산 청화산
오서산 칠갑산 구병산 경상북도
계룡산 주왕산
내연산
황악산
대둔산 천태산 금오산
운장산 구봉산 민주지산 팔공산
전라북도 덕유산 가야산 남산
내변산 모악산 마이산 황석산 비슬산 가지산
선운산 방장산 내장산 장안산 황매산 화왕산 신불산
백암산 바래봉 재약산 천성산
축령산 지리산 경상남도 금정산
불갑산 동악산 반야봉
무등산 백운산
전라남도 조계산
월출산
덕룡산 팔영산
두륜산 천관산
달마산

한라산

경남, 경북, 전남, 전북 36개 산 위치도

경기도

강원도

충청북도

충청남도

응봉산

주흘산

청량산

대야산

경상북도

내연산

황악산

금오산

민주지산

운장산 구봉산

팔공산

전라북도

모악산   마이산   황석산

비슬산

가지산

신불산

장안산

황매산

화왕산

재약산

천성산

선운산 방장산

바래봉

경상남도

금정산

축령산

동악산

불갑산

백운산

전라남도   조계산

팔영산

덕룡산   천관산

두륜산

달마산

01

황석산(黃石山)

용추계곡과 정상 암봉의 조망이 빼어난 산

황석산성

높 이 : 1,192m

위 치 : 경남 함양군 서하면

　　　　안의면

경남 함양군 서하면과 안의면에 걸쳐있는 황석산은 정상부가 뿔처럼 두 개의 암봉이 돌출한 전형적인 바위산으로 가을철 거망산으로 이어지는 긴 능선의 억새가 장관이다.

용추계곡을 중심으로 동쪽의 기백산에서 금원산과 현성산으로 이어지는 장쾌한 능선과 서쪽의 황석산에서 거망산과 월봉산으로 이어지는 능선이 수막령에서 한 줄기로 이어진다.

피라미드의 꼭짓점과 같은 정상은 돌출한 바위로 되어있고 정상에서 기백산, 금원산, 거망산, 월봉산, 덕유산, 남덕유산, 영취산 등이 조망된다.

주변에는 심진동의 용추계곡, 안의면의 화림동계곡, 위천면의 원학동계곡의 화림삼동과 용추폭포, 용추사, 농월정, 거연정, 군자정, 동호정, 금원산 자연휴양림의 유안청폭포, 문바위, 가섭사지 마애삼존불 등의 관광명소가 있다.

기백산

유안청폭포

산행 코스는 유동마을~965m봉~황석산 정상, 청량사 일주문~불당
골~황석산 정상, 용추사~지장골~거망산~황석산 정상, 봉전마을~우전
마을~황석산 정상 코스 등이 있다.

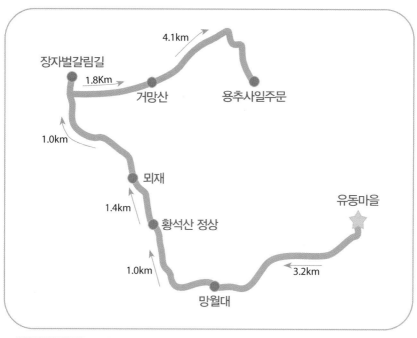

🏃 거리(km)	🕐 시간(시, 분)	☑ 산행일시 : 2019년 03월 31일
12.5	08:30	일요일 맑음

	3.2K			1.0K	
★ 📍 유동마을	2:30	망월대		1:20	황석산 정상

					1.4K
					1:00

	1.8K			1.0K	
거망산	1:00	장자벌갈림길		0:40	뫼재

3.5K			0.6K	★
1:30	지장골		0:30	용추사일주문

산행기

대전~통영 간 고속도로상의 덕유산휴게소에서 치즈 돈가스로 아침 식사를 하는데 주위에서 많은 사람들이 쳐다본다. 아침부터 웬 돈가스? 나이도 지긋한데! 나도 젊고 싶어서 하하…

8시 30분 함양군 안의면의 유동마을에 도착했다. 등산안내판을 숙지하고 연촌마을을 지나 작은김작골로 들어섰는데 3월 말이라 진달래는 피었지만 곳곳에 잔설도 많이 남아있었다. 낙엽을 밟으며 능선을 따라 걷는데 눈이 발목까지 쌓였다. 푹푹 빠지며 쌓인 눈을 헤치고 걸어가는데 날씨가 따뜻해서 다행이었다. 망월대에 도착해 황석산 정상을 바라보니 산성과 정상의 바위 풍경이 장관이었다.

작은김작골

망월대

동북문지

정유재란 때 왜군과 마지막까지 싸웠다는 황석산성에 도착해 동북문지, 남문지, 피바위 등 주변을 둘러보았다. 성벽 위에서 황석산 정상을 바라보니 깎아지른 절벽 위의 정상이 압권이었다.

황석산 정상 표지석이 피라미드 꼭짓점처럼 생긴 바위 위에 붙어있었다. 정상 인증사진을 찍기 위해서 위험을 무릅쓰고 바위 절벽을 기어 올라갔다. 3월 15일부터 산불 예방 입산통제 기간이라 함양군수로부터 입산허가서를 발급받아 산행했다. 정상 표지석에서 입산허가서를 펼쳐 들고 인증사진을 찍었다. 이처럼 100명산을 완등하기가 쉽지 않았다.

1994년 1월 30일, 친구와 황석산 정상에서 북봉으로 눈과 얼음이 쌓인 암릉을 타고 가다가 북봉 정상에서 친구가 얼음에 미끄러져 수백 길 낭떠러지로 떨어질 뻔했으나 다행히 민첩하게 나무뿌리를 잡아서 구사일생으로 구조됐다. 한 손으로 나뭇가지를 잡고 하반신은 수직 절벽 아래에 대롱대롱 매달려 있는 모습은 생각만 해도 아찔하고 두 번 다시 경험하고 싶지 않은 추억이었다. 옛 추억을 회상하며 조심조심 정상을 내려와 사방을 둘러보니 산성성벽 너머로 북봉과 거망산으로 장쾌한 능선이 월봉산까지 이어지고, 오른쪽에는 기백산에서 장쾌한 능선이 금원산까지 이어졌다. 서쪽으로는 덕유산에서 남덕유산, 육십령, 영취산으로 이어지는 백두대간능선과 장안산, 백운산이 시야에 들어왔다.

정상에서 내려와 거북바위를 감상하고 북봉으로 올라갔다. 북봉에서 황석산을 되돌아보니 정상으로 오르는 바윗길이 까마득하고 험난했다. 피바위와 서하면 방향의 능선이 장관이었다.

황석산 정상

황석산 정상에서 바라본 거망산 능선

북봉에서 바라본 황석산

북봉에서 바라본 거망산 능선

능선길을 걷다가 뫼재에서 뒤돌아보니 북봉과 황석산의 두 봉우리가 우뚝 서 있었다.

동쪽의 기백산능선을 바라보며 거망산을 향해 능선길을 걸으며 장자벌 입구 갈림길과 거망샘을 지나 거망산에 도착했다. 정상석을 배경으로 기념사진을 찍고 지장골로 하산하여 용추사에 도착했다.

뫼재에서 바라본 북봉과 황석산

거망산

용추사 경내를 둘러보고 용추폭포를 구경했다. 높은 바위에서 떨어지는 폭포수가 장관이었다. 장수사 일주문에 도착해 고마운 분의 도움으로 유동마을 입구까지 자동차로 이동하여 이번 트레킹 일정을 마쳤다.

귀갓길에 함양군 안의면의 삼일식당에서 '안의 갈비탕'으로 저녁식사를 했다. 함양군 안의면은 '안의 갈비탕'과 '안의 갈비찜'으로 유명하며 많은 갈비탕집들이 집성촌을 형성하고 있었다.

1960년대에 함양군 안의면 다수마을에 사는 김말순 할머니가 갈비탕을 너무나 맛있게 잘 끓여서 타지방에 사는 부군수가 매일 출근하다시피 안의면에 와서 갈비탕을 사 먹자, 언론에서 이를 비난하는 기사를 낸 것이 유명세를 타고 '안의 갈비탕'의 원조가 되었다고 한다.

용추폭포

02

재 약 산(載 藥 山)

표충사를 품고 사자평 억새로 유명한 영남알프스의 산

재약산 사자평

높 이 : 1,108m

위 치 : 경남 밀양시 단장면

경상남도 밀양시 산내면과 청도군 운문면, 울산광역시 울주군 상북면 일대에는 천황산(재약산 사자봉, 1,189m), 간월산(1,083m), 신불산(1,159m), 영축산(취서산, 1,081m), 가지산(1,241m), 운문산(1,188m), 고헌산(1,034m) 등 높이가 1,000m 이상 되는 7개의 산군이 모여 있는데 유럽의 알프스처럼 아름답다고 하여 '영남알프스'라고 불린다.

재약산에서 북쪽의 천황산, 능동산으로 뻗어 나간 능선이 석남고개에서 두 갈래로 갈라져 하나는 간월산~신불산~영축산~시살등으로 이어지고 다른 하나는 가지산~운문산, 상운산으로 뻗어 나간다.

간월산 아래 간월재 부근의 10여만 평, 신불산과 영축산 사이의 60여만 평의 신불평원, 고헌산 정상 부근의 20여만 평에는 우리나라 최대의 억새군락지가 있는데 가을에 방문하면 황홀한 은빛 물결을 감상할 수 있다.

주변에는 밀양 표충사와 밀양 농암대, 밀양 남명리 얼음골(천연기념물 제224호), 가마볼폭포, 홍룡폭포, 층층폭포, 사자평 등의 관광명소가 많다.

산행 코스는 표충사삼거리~홍룡폭포~층층폭포~고사리분교터~재약산 코스, 표충사삼거리~한계사~천황산~재약산 코스, 배내골의 죽전마을~855m봉~사자평~재약산 코스 등이 있다.

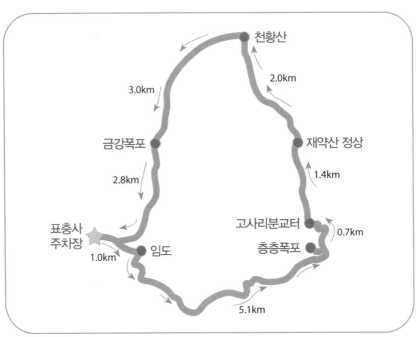

천황산

3.0km

2.0km

금강폭포

재약산 정상

2.8km

1.4km

표충사
주차장

고사리분교터

0.7km

1.0km

임도

층층폭포

5.1km

🏃 거리(km) 16.0	🕐 시간(시, 분) 09:00	☑ 산행일시 : 2019년 04월 27일 토요일 맑음

표충사 주차장 — 1.0K / 0:20 — 임도 — 5.1K / 2:30 — 층층폭포

0.7K / 0:40

천황산 — 2.0K / 1:20 — 재약산 정상 — 1.4K / 1:10 — 고사리분교터

3.0K / 2:00

금강폭포 — 2.8K / 1:00 — 표충사 주차장

산행기

경남 밀양에는 여름에 얼음이 어는 얼음골, 사명대사 비석에 흐르는 땀, 종소리 나는 만어사 경석의 '밀양 3대 신비'와 영남루 야경, 시례 호박소, 표충사 사계, 월연정 풍경, 위양못 이팝나무, 만어사 운해, 종남산 진달래, 재약산 억새의 '밀양 8경'이 있다.

임진왜란 때 승병을 일으켜 국난을 극복한 사명대사의 충혼을 모신 표충사당이 있고 근대 조계종 종정을 지낸 효봉 선사가 입적한 밀양 표충사에 도착했다.

청동은입사향완(국보 제75호), 삼층석탑(보물 제467호)의 문화재와 대광전, 응진전, 관음전, 명부전, 팔상전, 칠성전, 표충서원, 석등 등 경내를 둘러본 다음 서왕담을 지나 임도를 따라 병풍바위 방향으로 올라갔다.

등산안내도

등산로 초입의 표고버섯 재배장에 표고버섯이 제법 많이 돋았다. 참나무에 돋아난 표고버섯 모습이 탐스럽기도 하고 신기하기도 했다. 임도를 따라 병풍바위 방향으로 올라가는데 봄이 무르익어 나뭇잎이 파릇파릇하게 돋아나고 철쭉꽃이 화사하게 핀 산 풍경이 무척 아름다웠다. 봄이 오면 3월에 제일 먼저 생강나무꽃이 피고 이어서 진달래와 개나리가 피며, 4월에 벚꽃이 피고 산벚꽃에 이어 철쭉꽃이 핀다. 진달래는 참꽃이라고도 하며 먹기도 하고, 진달래로 담은 술을 두견주라고 한다. 옛날 음력 3월 3일에 진달래꽃이 필 무렵 화전놀이를 했다. 진달래는 나무색이 약간 검은색으로 꽃이 먼저 피고 잎이 피며 꽃이 작고 붉은색이다. 반면에 철쭉은 나무색이 회색이며 잎이 먼저 피고 꽃이 피므로 잎과 꽃이 공존한다. 철쭉은 독성이 있어 먹을 수 없으며 크고 옅은 분홍색의 꽃이 핀다.

표고버섯

진달래

철쭉

병풍바위에 도착해 흑룡폭포 아래 옥류동천을 내려다보니 경치가 아름답고 가슴이 시원했다. 층층폭포로 내려가 폭포를 감상했다. 높은 바위 절벽에서 떨어지는 폭포수가 장관이었다.

　　고사리분교터에 도착했다. 재약산 7부 능선에 완만하게 펼쳐진 약 17만 평 정도의 넓은 억새밭을 사자평이라고 하는데, 이곳에 농사를 짓는 마을이 있어 산동초등학교 사자평 분교가 있었다. 1966년 4월 29일 개교하여 1996년 3월 1일 폐교할 때까지 30년 동안 36명의 졸업생을 배출했는데 지금은 작은 교적비와 노란 수선화가 가득 피어 있었다.

층층폭포

복숭아꽃과 수선화를 감상하고 기나긴 사자평의 나무계단을 올라갔다. 진불암 갈림길의 큰 소나무 밑에서 잠시 쉬었다가 계속해서 철계단을 올라갔다. 철계단에서 바라보는 사자평과 배내고개, 간월산, 신불산으로 이어지는 영남알프스 능선의 경치가 압권이었다.

고사리분교터

재약산 오름길

재약산에서 바라본 천황산

재약산 정상에 도착해서 정상 인증사진을 찍고 사방의 조망을 감상했다. 사자평과 천황산으로 이어지는 능선의 경치가 매우 아름다웠다.

진달래가 만개한 꽃 터널을 지나 천황봉 방향으로 억새 길을 걸어가는데, 억새 숲 사이에 설앵초가 예쁘게 피었다. 탐스럽게 핀 진달래와 설앵초를 번갈아 감상하면서 화사한 봄기운을 마음껏 즐겼다. 천황산 직전의 바위지대에서 재약산 방향으로 걸어온 길을 되돌아보니 장관이었다.

천황산에서 바라본 재약산

천황산

천황산 정상석을 배경으로 기념사진을 찍고, 주변의 경치를 둘러보았다. 사자평과 재약산능선, 북쪽으로 가지산과 운문산, 능동산으로 이어지는 능선, 천황산 케이블카 탑승장, 배내고개에서 간월산, 신불산으로 이어지는 장쾌한 능선 등이 장관이었다.

가파른 산길을 내려와 한계암에 도착했다. 고즈넉한 사찰 아래에 금강폭포가 장관이었다. 폭포에서 경치를 감상하며 잠시 쉬었다가 계곡을 따라 내려와 내원암 갈림길을 지나 효봉 대종사사리탑에 도착했다.

표충사 주차장에 도착해 일정을 마감하고 언양읍의 '언양기와집불고기'에서 저녁식사를 했다. 울주군 언양읍은 언양 불고기로 유명하다. 양념에 재워둔 숙성된 소고기를 석쇠에 구워 미나리 등 싱싱한 채소와 더불어 먹는데 부드러운 한우의 맛이 정말로 일품이었다.

진미불고기, 언양기와집불고기, 공원불고기, 언양한우불고기 등이 유명하고 봉계한우불고기특구 내에는 만복래숯불구이, 기와집숯불고기, 갈비구락부, 유통불고기, 종점숯불구이 등이 집성촌을 형성하고 있다.

금강폭포

03

황매산(黃梅山)

우리나라 제일의 철쭉군락지인 합천의 명산

황매산 철쭉

높 이 : 1,113m

위 치 : 경남 합천군 대병면

　　　산청군 차황면

경상남도 합천군 대병면, 가회면과 산청군 차황면의 경계에 위치한 황매산은 봄철 철쭉군락과 가을철 억새군락이 멋진 산으로 영남의 소금강이라 불린다.

주 봉우리는 암봉, 정상, 삼봉, 중봉, 하봉으로 이루어져 있고, 암봉은 700~900m의 고위평탄면 위에 높이 약 300m의 뭉툭한 봉우리를 얹어놓은 듯한 모습이다.

떡갈재~정상, 정상~베틀봉, 베틀봉~모산재 사이에는 대단위 철쭉 군락지대가 형성되어 있어 매년 5월이면 황매산 철쭉제가 열리곤 한다.

주변에는 황매산 영화 주제공원, 합천 영상테마파크, 합천 해인사, 정취암, 허구산 천불천탑, 황계폭포, 야로면 구정리 마을 느티나무 등 관광명소가 있다.

산행 코스는 덕만 주차장~삼봉~하봉~중봉~황매산 코스, 모산재입구~모산~모산재~베틀봉~황매산 코스, 하금교~하봉~중봉~황매산 코스, 장박교~떡갈재~975m봉~황매산 코스, 영화주제공원~황매산제단~황매산 코스 등이 있다.

중봉(삼거리)
1.8km
황매산 정상
2.1km
철쭉제단
3.2km
독립가옥
1.0km
덕만 주차장
득도바위
2.0km
1.4km
1.0km
모산재

| 🚶 거리(km) 12.5 | 🕐 시간(시, 분) 09:00 | ✅ 산행일시 : 2019년 05월 01일 수요일 맑음 |

| 덕만 주차장 | 1.0K 0:40 | 독립가옥 | 3.2K 2:00 | 중봉(삼거리) |

1.8K
1:30

| 모산재 | 1.4K 1:00 | 철쭉제단 | 2.1K 1:30 | 황매산 정상 |

1.0K
1:00

| 득도바위 | 2.0K 1:20 | 덕만 주차장 |

황매산 기적길

산행기

덕만 주차장에 도착하니 근로자의 날이라 등산객들로 많이 붐볐다. 황매산 매표소에서 황매정원까지 셔틀버스를 운행하는데 많은 등산객들이 줄을 길게 늘어서 있었다. 법연사 입구를 지나 도로를 따라 걸어가다 독립가옥에서 박덤으로 가파른 계단을 걸어 올라갔다. 박덤의 조망이 좋은 너른 바위 위에서 모산재와 황매산 철쭉평원, 황매산 정상 부근의 경치를 감상했다. 아직은 조금 이른 때라 철쭉이 만개하지는 않았지만 연둣빛 물결의 산세가 매우 아름다웠다.

돌탑이 서 있는 장군봉에 도착했다. 신라와 백제의 격전지였던 할미산성과 산성 아래에 넓은 바위가 있었는데, 선녀가 바위 아래 소에서 목욕을 하고 승천하는 모습과 같다고 하여 치마덤이라고 불렸다.

장군봉

　진달래가 만발한 능선길을 걸으며 황매평전 쪽을 바라보니 연두색과 푸른색으로 어울린 산의 풍경이 환상적이었다. 산 능선에는 물푸레나무꽃이 새하얀 솜털처럼 흐드러지게 피었고, 가랑잎 사이에 각시붓꽃이 예쁘게 피어올랐다. 만개한 진달래와 갓 피어난 철쭉을 번갈아 구경하며 중봉 삼거리를 지나 황매삼봉으로 이동했다.

　황매삼봉에는 예쁜 소나무가 한 그루가 서 있었는데, 소나무에서 바라보는 황매산 일원의 풍경이 장관이었다. 황매산의 황은 부(富), 매는 귀(貴)를 의미하며 전체적으로 풍요로움을 뜻한다. 이곳은 수량이 풍부하고 기온이 온화하여 사람들이 굶어 죽지는 않는다고 한다. 황매삼봉은 황매산의 정기가 총집결한 곳으로 세 사람의 현인이 태어났다는 전설이 전해진다.

황매삼봉

황매삼봉

황매산 정상에 도착해 정상석을 배경으로 인증사진을 찍는데 정상
석이 바위 꼭대기에 있고 장소가 매우 협소해 많은 등산객들을 비집고
인증사진 찍기가 무척 힘들었다.

　　암봉 상단의 나무계단에서 황매평전을 내려다보니 너른 황매평전
풍광에 가슴이 뻥 뚫리는 기분이었다. 황매산 영화 주제공원 일원과 베
틀봉 하단의 황매평전에 철쭉나무들이 군락을 이루고 있었는데 아쉽게
도 아직은 꽃망울들이 터지지 않았다. 한 2주 정도 지나면 철쭉꽃이 만
개하여 이 일대가 장관일 것 같았다.

황매산 정상

황매평전

암봉

주변 경치를 감상하며 계단을 내려와 황매산 제단에서 뒤를 되돌아 보니 암봉이 우뚝 서 있었다.

능선 사거리에서 베틀봉으로 올라가며 황매산 정상을 다시 한번 구경하고 산불감시초소에 도착해 감암산 방향의 능선을 바라보았다. 양지쪽이라 철쭉군락지에 철쭉꽃이 흐드러지게 피었다.

베틀봉

베틀봉에서 바라본 황매산

철쭉군락지

2019년 5월 1일(수요일) 11시에 황매산 철쭉제례를 지낸다는 현수막이 걸려있는 황매산 철쭉제단에 도착했다.

철쭉제단 부근의 철쭉군락지에서 송골송골 맺은 꽃봉오리 사이를 누비며 아름다운 경치를 마음껏 즐겼다. 모산재에 도착해 돛대바위를 감상한 다음 득도바위, 순결바위, 국사당을 지나 덕만 주차장에 도착해 산행을 마감했다.

황매산 철쭉제단

철쭉군락지(황매산)

철쭉군락지(모산재)

04

천 성 산(千 聖 山)

화엄늪과 내원사를 품은 양산의 명산

천성산 제2봉

높 이 : 922m

위 치 : 경남 양산시 상북면

경상남도 양산시 웅상과 상북면, 하북면의 경계에 위치한 천성산은 원효대사가 당나라에서 온, 천 명의 승려를 모두 성인으로 교화하였다고 하여 붙여진 이름으로 정상을 원효봉이라고 한다.

정족산의 지맥으로 가지산, 운문산과 더불어 영남알프스 산군에 속하며, 산 정상은 동해의 일출 관람 장소로 유명하고, 정상 일대는 넓은 억새밭과 중고층 습원인 화엄늪으로 되어있다.

비구니선원인 내원사를 비롯하여 주위에 홍룡사, 용주사, 원적사, 불광사, 성불암, 원효암, 미타암 등 많은 사찰과 암자가 산재해 있으며, 혈수폭포, 홍룡폭포, 무지개폭포, 공룡능선 등 관광명소가 많이 있다.

산행 코스는 내원사 일주문~내원사~천성산 제2봉~천성산 코스, 덕운 육교~홍룡사~원효암~천성산 코스, 용주사~786.2m봉~화엄늪~천성산 코스, 주진리고개 주차장~미타암~은수고개~천성산 코스 등이 있다.

등산안내도

🏃 거리(km) 15.7	🕐 시간(시, 분) 10:40	☑ 산행일시 : 2019년 11월 03일 일요일 맑음

산행기

새벽 6시 양산 통도사 입구의 '이순남 순두부 정식'에서 아침식사를 했다. 식당에 걸려있는 아래 글귀가 마음에 큰 울림을 주었다.

비 좀 맞으면 어때 햇볕에 옷 말리면 되지…

걷다가 넘어지면 어때 다시 일어나 걸어가면 되지…

사랑했던 사람 떠나면 좀 어때 가슴 좀 아프면 되지…

살아가는 일이 슬프면 좀 어때 눈물 흘리면 되지…

어차피 울며 태어났잖아

기쁠 때는 좀 활짝 웃어

슬플 때는 좀 실컷 울어

누가 뭐라 하면 좀 어때

누가 뭐라 해도 인생이잖아…

족자의 글귀

원적교를 건너 내원사 일주문 앞 주차장에 주차하고 금강교를 지나 내원사계곡으로 올라갔다. 곱게 물든 단풍을 감상하며 3.2km의 내원사 계곡을 따라 걸어 올라가는데 이른 아침이라 사람도 없고 한적해서 기분이 매우 상쾌했다.

바위와 단풍이 어우러진 계곡풍경과 바위를 타고 오르는 담쟁이 넝쿨의 생명력에 감탄하며 걷다가 내원사에 도착해 경내를 둘러보았다.

숲속 제1 주차장에서 529m봉 능선으로 올라갔다. 늦가을 노랗게 물든 참나무와 아기자기한 단풍을 즐기며 용주사 갈림길과 산판도로를 지나 화엄늪에 도착했다.

내원사계곡

내원사

　소나무숲을 지나 만난 화엄늪은 정상까지 약 2km 거리의 너른 평야
지대로 억새들이 만발해 바람에 나부끼고 풍광이 환상적이었다.

　화엄늪은 신라 시대 원효대사가 천여 명의 승려에게 화엄경을 설법
했다고 전해지는 화엄벌에 형성된 산지 습지로 앵초, 물매화, 잠자리난,
흰제비난, 끈끈이주걱, 이삭귀개, 자주땅귀개, 억새, 진펴리새 등 다양한
습지식물과 담비, 살쾡이, 도롱뇽, 산골조개 등이 서식하고 있는 천혜의
생태공원이다.

숲속 제1 주차장

화엄늪

정상 부근은 과거 군부대가 주둔했던 곳으로 아직 제거되지 않은 지뢰들이 매설되어 있어 철조망을 설치해 출입을 통제하고 있었다.

천성산 정상에 도착해 원효봉 정상석을 배경으로 인증사진을 찍고 사방을 둘러보았다. 북쪽으로 천성산 제2봉으로 이어지는 능선이 산그늘 너머로 아름답게 펼쳐져 있었다.

천성산 원효봉

천성산 제2봉을 향해 억새 숲을 지나가며 원효암 갈림길을 지나 능선 위에서 제1봉의 복구 현장을 목격했다. 철조망을 설치해 출입을 통제하고 있었다. 전망이 좋은 바위에서 기념사진을 한 장 찍고 억새 숲과 철쭉나무 터널을 지나 은수고개로 이동했다.

미타암과 내원사로 내려가는 사거리인 은수고개를 지나자 단풍나무 숲길이 나타났다. 능선바위에서 내원사계곡을 내려다보니 저녁노을이 드리워진 산세와 곱게 물든 단풍 풍경이 매우 아름다웠다.

조망처에서 바라본 제2봉

은수고개 철쭉터널

내원사계곡 단풍

온통 바위로 이루어진 천성산 제2봉에 도착하니 한 장사꾼이 아이스께끼를 팔고 있었다. 이 높은 봉우리까지 아이스께끼를 지고 오신 아저씨의 노고에 탄복하여 한 개씩 사서 입에 물었다. 시원한 기분으로 천성산 원효봉으로 이어지는 능선과 내원사계곡 풍경을 쳐다보니 장관이었다.

현재시간 2시 30분! 공룡능선을 경유해 내원사 일주문까지 5.3km다. 늦은 감이 있긴 하지만 3km의 공룡능선만 통과하면 어둑해지기 전에 종착지에 도착할 수 있을 것 같았다. 자주 오는 기회도 아니라서 공룡능선으로 산행하기로 결정하고 출발했다.

중앙능선 갈림길을 지나 원효대사가 천 명의 승려를 모으기 위해 북을 쳤다는 집북재에 도착했다. 오후 3시 집북재에서 공룡능선으로 접어

집북재

드는데 갑자기 날씨가 흐려지더니 비가 오기 시작했다. 바위가 미끄럽고 날씨도 흐려 공룡능선을 오르내리는데 무척 힘이 들고 시간도 많이 소요되었다. 681m봉을 지나 로프 지역을 힘들게 통과하고 590m봉에서 하산을 시작했다. 다시 로프 지역을 만났는데 바위가 미끄럽고 바위틈 사이 발붙일 곳이 없어 리더인 나부터 힘들게 하산했다. 그 다음 희자씨가 하산하는 것을 받쳐주다 미끄러져 굴러떨어졌다. 다행히 다치지는 않았지만 십년감수 한 기분이었다. 암벽 하산의 안전을 위해 병선이의 스틱을 받아 밑으로 던진 다음 암벽을 안전하게 내려와 스틱이 떨어

공룡능선 암벽

공룡능선에서 바라본 노전암

진 지점을 아무리 찾아봐도 스틱을 발견할 수 없었다. 눈에 빤히 보이는 곳에 떨어졌는데 스틱이 없다니 도무지 이해가 되지 않았다. 계속해서 스틱을 찾다가 날이 어두워지고 빗줄기도 굵어져서 그냥 포기하고 하산했다. 컴컴한 밤에 랜턴도 없이 비를 흠뻑 맞으며 힘들게 공룡능선을 통과했다. 산짐승이 공격하지 않을까? 소복 입은 귀신이 나타나지 않을까? 온갖 잡생각에 등골이 오싹한 하산길이었다.

칠흑 같은 어둠을 뚫고 저녁 7시에 하산한 다음 내원사 입구 '천성산 가는 길'에서 저녁식사를 하고, 밤 12시에 대전에 도착했다.

05

금정산(金井山)

범어사와 금정산성으로 유명한 부산의 진산

원효봉에서 바라본 금정산

높 이 : 802m

위 치 : 부산광역시 금정구

부산광역시 금정구와 경상남도 양산시의 경계에 위치한 금정산은 태백산맥의 말단부로 낙동정맥의 최남단에 우뚝 솟은 부산의 진산이다.

정상인 고당봉에서 남서쪽의 상계봉까지 해발 500~600m의 산등성이로 이어져 있으며, 산 사면에는 화강암의 기암괴석들이 널리 분포되어 있어 독특한 지형 경관을 나타내고 있다.

조선 숙종 29년(1703년)에 왜구의 침입을 막기 위해 산 능선을 따라 축조한 둘레 17km의 금정산성(사적 제215호)에는 북문, 동문, 남문, 서문의 4개 문과 4개의 망루(제1, 2, 3, 4망루)가 있는데, 망루에 올라 성 안팎을 조망하는 경치가 장관이다.

금정산 기슭에는 범어사, 보광사, 석불사, 금정사 등의 사찰과 청련암, 내원암, 계명암, 금강암, 미륵암 등 수많은 암자가 있으며, 주변에는 동래온천, 허심청, 해운대, 해동용궁사, 태종대, 자갈치시장 등 관광명소가 많고, 동래파전, 금정산성 막걸리, 금정산성 염소 불고기, 기장 곰장어 등의 별미가 즐비하다.

산행 코스는 범어사 매표소~청련암~내원암~금정산 코스, 외송정 정류소~금륜사~장군봉~금정산으로 정상에 올랐다가 금정산성을 따라 남하하면서 북문, 동문, 남문으로 하산하는 코스가 있다.

해동용궁사

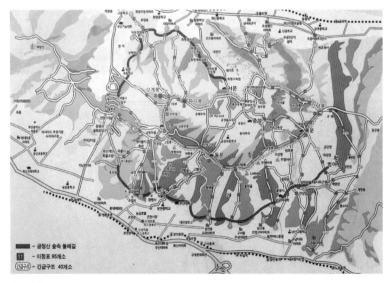

등산안내도

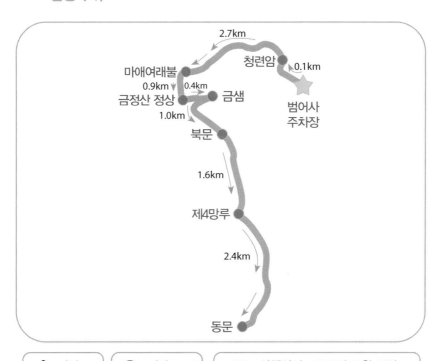

| 🏃 거리(km) 9.1 | 🕐 시간(시, 분) 05:10 | ✅ 산행일시 : 2019년 12월 14일 토요일 맑음 |

산행기

아침 6시 KTX 열차로 대전을 출발해 부산역에 도착한 다음 전철과 택시로 동래 범어사로 이동했다.

동래 범어사는 신라 문무왕 18년(678년)에 의상대사가 창건한 사찰로, 양산 통도사, 합천 해인사와 더불어 영남을 대표하는 3대 사찰이다. 많은 고승 대덕을 배출한 수행사찰이기도 하다. 대웅전(보물 제434호), 삼층석탑(보물 제250호), 보제루(보물 제1461호), 지장전, 팔상전, 독성전, 나한전, 설법전, 성보박물관 등 경내를 둘러보고 청련암으로 올라갔다.

두 금강이 지키고 서 있는 계단을 올라 대웅전과 지장전, 삼성각을 둘러보았다.

청련암 지장전

내원암을 지나 능선 삼거리에서 능선을 따라 걸으며 가산리 마애여래입상에 도착했다. 높이 12m의 깎아지른 절벽 위에 새겨진 불상으로 바위봉에서 마애불 주변의 풍광을 조망하니 양산 시내 경치와 어울려 그야말로 장관이었다.

나선형의 철계단을 올라 금정산 정상 고당봉에 도착해 인증사진을 찍고 사방을 둘러보았다. 북쪽으로 장군봉으로 이어지는 능선과 양산시가 아름답게 보였고, 남쪽으로 대륙봉과 상계봉으로 이어지는 금정산성의 능선이 장쾌하게 뻗어있었다.

마애여래입상

금정산 고당봉

금정산에서 바라본 장군봉 능선

범어사 돌바다를 지나 금샘으로 이동했다. 금정산 서북산정에 있는 우뚝 솟은 바위 꼭대기에 둘레 3m, 깊이 21cm쯤 되는 웅덩이가 있는데, 옛날 황금색 물고기 한 마리가 오색구름을 타고 하늘에서 내려와 헤엄치며 놀았다고 하여 금샘이라 불리게 되었다고 한다. 금샘은 사시사철 샘물이 마르지 않는다고 하며, 가뭄이 들면 기우제를 지내던 곳으로 범어사의 창건설화가 시작된 곳이라고 한다.

고당봉 낙뢰 표석비를 구경하고 금정산탐방지원센터에서 세심정을 둘러 본 다음 북문에 도착했다.

금정산 금샘

세심정

북문

형제가 함께 간 **한국의 100 명산 산행기(하)** - 경상도 · 전라도 지역 명산

해발 687m의 원효봉 정상에서 금정산과 금정구 일원의 풍경을 감상하고, 의상봉으로 이어지는 능선을 걸어 제4망루에 도착했다. 제4망루에서 의상봉을 바라보니 동쪽 해안 쪽으로 우뚝 솟은 기암절벽이 장관이었다.

원효봉에서 바라본 금정산

원효봉에서 바라본 의상봉

의상봉

금정산성길을 따라 걸으며 동래구와 해운대의 조망을 구경하고, 소나무 숲길을 지나 동문에 도착해 산성고개에서 좌석버스를 타고 온천장역으로 이동했다.

지하철을 이용해 남포역에 하차한 다음 비프 광장, 국제시장, 부평시장 등을 구경했다.

부평시장 내 '명품 어묵'에서 어묵을 구입한 후 자갈치시장에서 저녁식사를 하고, KTX 열차로 밤 10시 대전에 도착했다.

금정산성길

화왕산(火旺山)

봄철 진달래, 가을 정상의 억새가 유명한 산

배바위에서 바라본 화왕산

높 이 : 757m

위 치 : 경남 창녕군 창녕읍

경상남도 창녕군 창녕읍과 고암면의 경계에 위치한 화왕산은 정상 일대의 진달래와 억새밭으로 유명한 산이다.

매년 4월 말~5월 초에 화왕산 정상과 관룡산으로 이어지는 능선 위에 진달래가 만발하고, 10월에는 정상부의 5만여 평의 억새밭에 은빛 물결이 펼쳐져 장관을 이룬다.

1995년부터 3년마다 정월 대보름에 정상 일대의 억새밭을 태우는 축제가 열렸으나, 2009년 인명사고가 나는 대형참사가 발생한 후 폐지되었다.

해발 600m 지대에는 임진왜란 때 의병장 곽재우의 분전지로 알려진 화왕산성이 있고, 동문과 남문 사이에 창녕조씨의 시조가 태어났다는 삼지와 창녕조씨 득성지비가 세워져 있다.

주변에는 목마산성, 허준 세트장, 도성암과 관룡산, 관룡사, 청련암, 용선대 석불 등이 있다.

산행 코스는 자하골길, 도성암길, 전망대길, 장군바위길, 관룡산 용선대길 등이 있다.

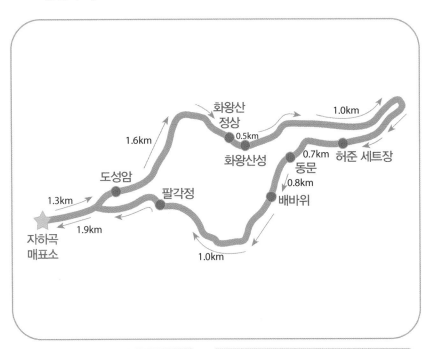

 거리(km)
8.8

시간(시, 분)
05:20

산행일시 : 2018년 10월 03일
수요일 개천절 맑음

산행기

대구광역시 달성군 현풍면의 '원조 현풍 박소선 할매 곰탕'에서 양곰탕으로 아침식사를 하고 자하곡매표소 옆 주차장으로 이동했다. 왼쪽의 목마산성을 감상하며 벚나무 가로수길을 걸어 자하곡과 도성암 갈림길에 도착했다. 자하곡매표소에서 도성암까지 약 1km 구간은 벚나무 가로수길로 4월이면 환상적인 벚나무 터널길을 걸을 수 있다.

도성암에 도착해 경내를 둘러보고 도성암길로 정상을 향해 올라갔다. 소나무가 울창한 산림욕장을 지나 넓은 바위에 큰 소나무가 한 그루 서 있는 조망처에서 잠시 쉬면서 주변에 곱게 물든 단풍의 아름다움을 즐겼다.

등산안내도

도성암

정상에 도착해 정상석을 배경으로 인증사진을 찍고 사방을 둘러보
았다.

분지로 형성된 넓은 지역에 은빛 물결의 억새들이 바람에 출렁거렸
다. 환장고개 너머 장군바위로 이어지는 웅장한 바위벽과 화왕산성 안
으로 삼지를 비롯한 넓은 지역이 억새들로 무성했다. 4월이면 왼쪽으로
관룡산까지 능선을 따라 진달래가 만발하는데 지금은 앙상한 나무만
무성했다.

화왕산 정상

화왕산

　정상 부근의 은빛 물결 억새밭을 감상하며 좌측으로 산성 능선을 따라 관측소와 670m봉을 지나 관룡산 못미처 임도 고개에서 허준 세트장으로 이동했다. 허준 세트장 일원은 진달래군락지로 4월에는 붉게 불타오르는 진달래꽃 대평원의 향연을 감상할 수 있다. 드라마 허준 세트장을 둘러보고 동문으로 이동 후 화왕산의 멋진 풍경을 만끽하였다.

　억새 숲속을 걸어 내려가 삼지에 도착했다. 창녕조씨의 시조가 태어났다는 세 개의 연못 중 한 개는 잘 정비되어 있었고 두 개는 정비 중이었다. 연못을 한 바퀴 돌면서 창녕조씨 득성지비를 둘러보았다.

허준 세트장 앞 진달래군락지

동문에서 바라본 화왕산

삼지

삼지 억새

창녕조씨 득성지비

남문 성벽 위에 올라 화왕산 일대의 억새 숲을 구경한 다음 가파른 숲길을 올라 배바위에 도착했다. 커다란 배바위 정상에 올라 관룡산 쪽을 바라보니 조망이 환상적이었다. 청룡암 뒤 바위 절벽과 용선대 석불이 한눈에 들어왔고 화왕산 정상에서 성벽으로 이어지는 긴 능선 또한 장관이었다.

　　산불감시초소에서 화왕산을 바라보니 환장고개 너머로 정상으로 이어지는 웅장한 형세가 일품이었다.

배바위

산불감시초소에서 바라본 화왕산

　755.8m봉에 올라 화왕산 정상 부근을 조망하고, 험한 암릉길을 조심조심 내려와 전망대에서 잠시 휴식을 취했다. 전망대길을 내려오면서 바라본 화왕산 정상과 자하골의 경치가 매우 아름다웠다. 화왕산장을 지나 주차장에 도착해 오늘의 산행을 마무리했다.

07

황악산(黃嶽山)

직지사 품은 백두대간 상의 겨울 산

황악산

높 이 : 1,111m

위 치 : 경북 김천시 대항면

경상북도 김천시 대항면과 충청북도 영동군 매곡면, 상촌면의 경계에 위치한 황악산은 예로부터 학이 많이 찾아와 황학산으로 불렸다고 한다.

민주지산, 삼도봉과 함께 소백산맥의 허리 부분에 솟아있으며, 괘방령~여시골산~운수봉~백운봉~황악산~형제봉~바람재~삼성산으로 이어지는 백두대간의 중간 지점에 있다.

산세는 평평하고 완만하며 암봉이나 절벽이 없는 육산으로 산 전체가 수목으로 울창하고, 내원계곡과 능여계곡의 폭포와 소의 풍경이 아름다우며, 봄에는 진달래와 산벚꽃, 가을에는 단풍, 겨울에는 설화가 아름다운 산이다.

정상에 서면 서쪽으로 민주지산, 북쪽으로 포성봉, 동쪽으로 금오산, 남쪽으로 수도산과 가야산이 조망되고, 산록에는 천년고찰 직지사와 은선암, 백련암, 명적암, 중암, 운수암, 삼성암 등의 암자가 있다.

등산 코스는 직지사~백련암~백운봉~황악산~형제봉~신선봉~직지사 코스, 괘방령~여시골산~운수봉~황악산 코스, 지통마~황악산~형제봉~바람재~지통마 코스 등이 있다.

괘방령

등산안내도

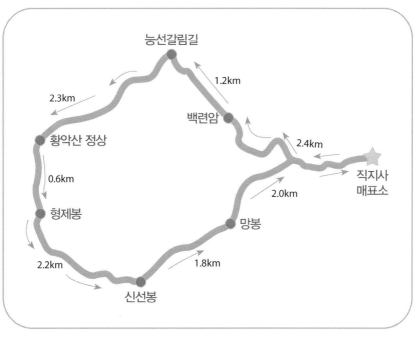

🏃 거리(km) 12.5	🕐 시간(시, 분) 06:40	☑️ 산행일시 : 2018년 08월 05일 일요일 맑음

산행기

직지사 일주문 앞 주차장에 주차하고 직지문화공원을 간단히 둘러보았다.

일주문 앞에는 직지문화공원과 사명대사공원, 평화의 탑, 김천세계도자기박물관, 카페밀 등 넓은 지역에 다양한 문화공간들을 만들어 놓았는데 전동관람차를 타고 둘러보아도 한 시간 이상 소요될 만큼 큰 공간이었다.

'직지사와 황악산이 최고의 정취를 이루는구나'란 뜻의 '覺城林泉高致'란 편액이 붙어있는 일주문을 통과한 다음 금강문과 천왕문, 만세루를 지나 대웅전 앞에 도착했다. 대웅전에 참배하고 향적전, 관음전, 응진전, 명부전, 비로전, 삼성각, 천불전, 극락전 등 경내를 두루두루 둘러보았다. 경내에는 대웅전(보물 제1576호), 석조약사여래좌상(보물 319호), 대웅전 앞 삼층석탑(보물 606호), 비로전 앞 삼층석탑(보물 607호), 대웅전 삼존불 탱화 3폭(보물 670호), 청풍료 앞 삼층석탑(보물 1186호) 등 문화재가 많이 있었다.

직지사

운수봉

  포장도로를 따라 은선암 갈림길을 지나 백련암에 도착해 경내를 관람한 다음 운수암을 지나 운수봉으로 이동했다.

  정상 직전 조망바위에서 직지사와 능여계곡을 내려다보니 초록빛으로 짙게 물든 산세가 장관이었다. 큰 정상석이 서 있는 정상에 도착해 인증사진을 찍고 형제봉 방향으로 내려갔다.

  형제봉에서 능여계곡으로 내려가는 등산로는 폐쇄되었다. 우측으로 내려가면 바람재로 이어지는 백두대간능선이라 신선봉 삼거리를 향해 직진했다.

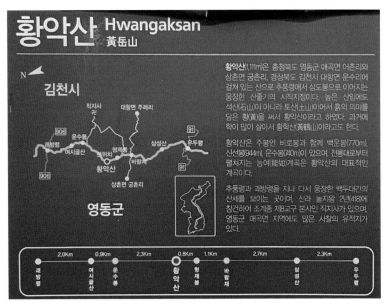

황악산 정상

    신선봉에 도착해 주변 경관을 둘러보고 가파른 산길을 내려와 망봉을 지나 직지사에 도착했다. 직지사 앞의 '청산고을'에서 산채 한정식으로 저녁식사를 했다.

    직지사 앞 황학동에는 산채한정식집들이 여러 곳 있었다. 소고기 불고기, 돼지고기 숯불구이, 더덕구이, 도토리묵 등 반찬이 30여 가지로 양도 푸짐하고 맛도 일품이었다.

    이번 여정은 산행도 하고 문화공원도 관람하며, 직지사(절)도 참배하고 맛있는 향토 음식도 맛볼 수 있는 아주 특별한 여행이었다.

형제봉

바람재

08

주흘산(主屹山)

문경새재의 단풍이 아름다운 문경의 진산

주흘산

높 이 : 1,106m

위 치 : 경북 문경시 문경읍

경북 문경시 문경읍에 위치한 주흘산은 학이 날개를 펼치며 날기 직전의 형상을 한 문경의 진산으로 조령산, 월악산, 포암산과 더불어 소백산맥의 중심을 이루고 있다.

산의 동쪽과 북쪽은 깎아지른 절벽으로 긴 능선이 백두대간과 이어져 있고 서쪽에는 조령천 따라 여궁폭포, 팔왕폭포, 조곡폭포가 형성되어 있으며 공민왕의 피난처인 혜국사도 있다.

정상에서의 조망은 동쪽으로 운달산과 소백산, 남쪽으로 백화산, 희양산, 속리산, 서쪽으로 조령산, 북쪽으로 부봉, 마패봉, 포암산, 월악산이 보인다.

조령산과의 사이에는 애환과 수많은 사연을 지닌 문경새재 옛길인 6.5km의 문경관문(사적 제147호)이 있는데 제1 관문(주흘관), 제2 관문(조곡관), 제3 관문(조령관)과 왕건세트장, 조령원터, 주막, 동화원 등의 수많은 관광명소가 있다.

등산 코스는 제1관문~여궁폭포~혜국사~주흘산~주흘영봉~조곡골~제2관문~제1관문 코스, 월복사~주흘산~주흘영봉~부봉~동화원~제3관문~소조령 코스 등이 있다.

★ 산행 후기

2.0km
제2관문
1.5km
주흘영봉
꽃밭서들
1.2km
3.0km
혜국사
주흘산 주봉
1.0km
여궁폭포
2.5km
0.8km
제1관문
0.5km
0.5km
새재
주차장

거리(km)
13.0

시간(시, 분)
08:20

산행일시 : 2018년 10월 14일
일요일 맑음

새재 주차장	0.5K 0:20	제1관문	0.8K 0:20	여궁폭포	1.0K 0:50	혜국사

2.5K
2:00

꽃밭서들	1.5K 1:30	주흘영봉	1.2K 0:30	주흘산 주봉

2.0K
1:30

제2관문	3.0K 1:00	제1관문	0.5K 0:20	새재 주차장

산행기

문경전통찻사발축제, 문경오미자축제와 더불어 문경의 대표축제인 문경사과축제가 문경새재도립공원 일원에서 열리고 있었다. 사과를 성문처럼 쌓아놓은 조형물이 매우 인상적이었고, 직접 사과를 따는 체험학습을 할 수 있어 너무 좋았다. 어제 하늘재에서 본 붉은 사과 빛깔이 너무 선명해서 식욕을 돋아 구매의욕이 마구 솟구쳤다.

문경새재도립공원

문경 사과

　　행사장을 지나 주흘관에 도착해 타임캡슐을 구경했다.

　　타임캡슐은 1996년 경북탄생 100주년을 맞이하여 400년 후인 2396
년 10월 23일에 개봉하여 후손들에게 현재의 생활풍습과 문화 등을 보
여줄 목적으로 100품목 475종을 지하 6m에 매설해 놓은 캡슐이었다.

주흘관

타임캡슐

단풍나무 숲길을 걸어 여궁폭포에 도착했다. 높이 20여 미터의 여궁폭포는 일명 파랑소라고도 불리는데 옛날 7선녀가 구름을 타고 내려와 목욕을 했다는 곳으로 그 형상이 마치 여인의 하반신을 닮았다고 해서 붙여진 이름이라고 한다. 주변의 바위 절벽과 어우러진 폭포경치가 장관이었다.

여궁폭포

고려말 공민왕이 홍건적의 난을 피해 머물렀던 혜국사에 도착해 대
웅전에 참배하고 산신각, 만경전, 사천왕문, 목조삼존불좌상, 부도, 탑비
석 등 주변을 둘러보았다.

　　대궐터의 대궐샘에서 약수를 한 바가지 시원하게 마신 다음 단풍이
곱게 물든 주변 경치를 바라보며 가파른 능선을 따라 주흘주봉으로 올
라갔다.

대궐샘

주흘주봉에서 내려다보니 동쪽으로 문경 시내가 발아래 펼쳐져 있었고, 남쪽으로 백화산, 희양산, 대야산, 속리산, 서쪽으로 조령산, 북쪽으로 부봉과 마패봉 너머로 포암산과 월악산까지 시야에 들어왔다.

능선을 따라 북쪽으로 이동해 주흘영봉에 도착했다. 정상석을 배경으로 인증사진을 찍고 주변을 둘러보니 단석산과 포암산, 저 멀리 월악산까지 시야에 들어왔다.

부봉과 조령암릉의 경치를 감상하며 가파른 능선길을 내려와 꽃밭서들의 너덜지대를 지나 단풍이 붉게 물든 조곡골로 들어섰다.

조령 제2 관문인 조곡관에 도착해 조곡교에서 조령산을 바라보니 단풍이 절정이었다. 하얀 바위 암릉과 붉은 단풍이 서로 어울려 멋진 풍광을 자아내었다.

주흘주봉

주흘영봉에서 바라본 포암산과 월악산

꽃밭서들

조곡골

조곡관

주흘관까지 3km를 내려오면서 조곡폭포, 산불됴심비, 교구정터, 팔왕폭포, 주막, 소원성취탑, 무주암, 마당바위, 조령원터, 지름틀바위, 혈자른 자리, 왕건세트장, 문경새재자연생태공원 등등 주변의 많은 관광 명소들을 구경했다.

교귀정

지름틀바위

새재 주차장에 도착해 오늘 산행을 마치고 문경읍의 '금강산가든'에서 약돌삼겹살로 저녁식사를 맛있게 했다. 문경은 약돌을 사료로 먹인 약돌돼지, 오미자와 산초두부, 황토색을 띠고 있는 칼슘-중탄산온천수인 문경온천으로 유명하다.

문경약돌돼지

09

응봉산(鷹峰山)

덕구온천과 최후의 비경 지대 용소골을 품은 산

덕구온천 원탕

높 이 : 999m

위 치 : 경북 울진군 북면

경상북도 울진군 북면과 삼척시의 경계에 위치한 응봉산은 동해를 굽어보는 산의 모습이 매를 닮았다고 하여 매봉산으로 불리기도 하였으며 옛날에 울진 조씨가 매사냥을 하다가 잃어버린 매를 이곳에서 찾고 산 이름을 응봉이라 불렀다고도 한다.

산의 동쪽에는 덕구계곡, 남동쪽에 구수계곡, 서쪽에 덕풍계곡이 있다. 덕구계곡에는 온정골에 덕구온천 원탕이 있고 구수계곡에는 구수골, 십이령골과 계곡 상단 절벽에 천연기념물 산양이 서식하고 있다. 덕풍계곡에는 용소골, 문지골, 괭이골, 버릿골 등 수많은 폭포와 깊은 소로 이루어진 사람의 발길이 비교적 닿지 않은 비경 지대가 많다.

정상에서의 조망은 백암산, 통고산, 함백산, 태백산과 동해가 펼쳐져 보이고 산 전역에는 붉은 빛의 금강소나무가 무성하게 자라며 주변에는 덕구온천, 구수곡 자연휴양림, 백암온천, 금강소나무 숲길, 불영계곡, 불영사, 월송정, 죽변항, 강구항 등 관광명소가 많다.

등산 코스는 덕구온천에서 온정골로 정상에 올라 옛재능선길로 원점회귀하거나 정상에서 용소골을 거쳐 덕풍계곡으로 하산하는 코스가 있다.

거리(km)
12.6

시간(시, 분)
05:40

산행일시 : 2019년 08월 24일
토요일 맑음

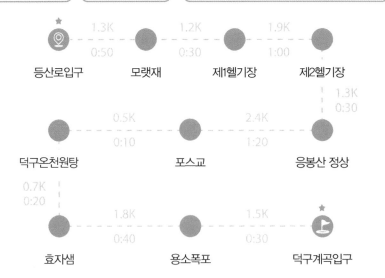

	1.3K		1.2K		1.9K	
등산로입구	0:50	모랫재	0:30	제1헬기장	1:00	제2헬기장

1.3K 0:30

	0.5K		2.4K	
덕구온천원탕	0:10	포스교	1:20	응봉산 정상

0.7K 0:20		1.8K		1.5K	
효자샘	0:40	용소폭포	0:30	덕구계곡입구

산행기

새벽 5시 대전을 출발해 불영계곡을 넘어 울진에 도착했다. 울진읍에서 덕구온천 가는 정림리 도로상에는 가로수로 배롱나무를 심어놓았는데 백일홍꽃이 만발하여 환상적이었다.

배롱나무는 여름에 꽃이 백일 동안 핀다고 하여 일명 백일홍이라고도 불리는데 경상북도의 도화로 울진을 방문하면 울진군수가 산불화재 지역에 조성해 놓은 도화동산을 볼 수 있다.

여름에 피는 꽃으로 오래된 사찰이나 시골 초등학교 정원에서 흔히 볼 수 있으며 경주 기림사에 가면 높이 6m가량의 배롱나무 거목을 만날 수 있다.

울진 도화동산

덕구온천을 지나, 오전 11시에 옛재능선길 등산로 입구로 들어섰다. 나무계단을 올라 소나무가 울창한 능선길을 따라 걸으며 모랫재와 제1헬기장을 지나 정상으로 향했다. 옛재능선길의 바위와 소나무가 어우러진 조망처에서 잠시 쉰 다음 제2헬기장을 지나 정상에 도착했다.

응봉산 정상은 높이가 998.5m다. 여기에 높이 1.5m의 정상석을 설치해 높이를 1,000m로 맞추어 놓았다. 절묘한 기교에 놀랐다. 정상석을 배경으로 인증사진을 찍고 사방을 둘러보았다. 굽이굽이 산봉우리 너머로 저 멀리 동해바다가 보였다.

등산안내도

옛재능선길

응봉산 정상

온정골을 향해 가파른 능선길로 하산하던 중 아름드리 금강소나무 숲을 만나 향긋한 솔향을 맡으며 행복한 기분으로 덕구온천 원탕으로 내려왔다.

금강소나무

덕구온천 원탕은 약 600여 년 전 고려 말기 때 사냥꾼들이 발견한 자연 용출 온천수로 온도 42.4℃의 칼슘, 마그네슘, 중탄산 등 몸에 좋은 다양한 미네랄을 함유한 온천수로 알려져 있다. 원탕의 온천수는 신경통, 류머티즘성 질환, 피부질환 등에 탁월한 효과가 있다고 알려져 있으며 계곡을 따라 설치된 금속관을 통하여 4km 정도까지 멀리 떨어진 덕구온천으로 원탕의 온천수가 공급되고 있었다. 등산화를 벗고 발 마사지장의 따스한 자연 온천수로 발 마사지를 했는데 산행으로 쌓인 피로감이 한 방에 날아가는 것 같았다.

덕구온천 원탕

덕구계곡에는 계곡 입구에서 원탕까지 4km 구간에 세계에서 가장 유명한 다리 12개를 본떠서 모형교량을 설치해 놓았다. 12개 모형교량은 금문교(제1교), 서강대교(제2교), 노르망디교(제3교), 하버교(제4교), 크네이교(제5교), 모토웨이교(제6교), 알라밀로교(제7교), 취향교(제8교), 청운교·백운교(제9교), 트리니티교(제10교), 도모에가와교(제11교), 장제이교(제12교)이다.

덕구온천 원탕을 출발해 12번째 교량인 장제이교를 건너 효자샘에 도착했다. 효자샘은 옛날 어머님의 병을 치료한 돌이 총각의 사연이 깃든 샘으로 샘물이 시원하고 맛도 좋았다. 연리지를 구경하고 청운교, 백운교를 지나 용소폭포에 도착하니 폭포풍경이 장관이었다.

효자샘

청운교 · 백운교

용소폭포

덕구계곡 입구에 도착해 산행을 마치고 울진읍의 S 모텔에 투숙했다.

다음 날 아침 일찍 아름답기로 유명한 응봉산 정상에서 용소골의 덕
풍산장까지 14km 구간을 대략 7시간 동안 산행했다. 옛재능선길로 정
상에 올랐다가 덕풍계곡 방향의 용소골로 내려갔다. 용소골은 깎아지른
듯한 벼랑과 수많은 폭포와 깊은 소들로 이루어져 빼어난 절경을 자랑
하지만 등산로가 명확하지 않고 험난해 폭우 시에는 계곡 트레킹이 금
지되는 곳이다.

용소골

가파른 비탈길을 따라 제3 용소를 구경하며 내려가는데 계곡 좌우
로 나타나는 기암절벽과 폭포 및 소들의 풍경이 일품이었다. 날씨도 쾌
청해서 한층 더 경치가 아름다워 보였다. 감탄사를 연발하며 제2 용소
에 도착해, 로프를 잡고 폭포 벽을 기어 내려가는 스릴도 만끽했다.

제2 용소

　　건너편 바위 절벽에는 큰 말벌집이 매달려 있었다. 말벌에 쏘이지 않으려고 조심조심 용소골을 내려가면서 요강소, 제1 용소, 방축소를 구경하며 덕풍산장에 도착했다.

　　덕풍산장에서 울진택시를 불러 덕구온천으로 이동해 이번 산행을 마감했다.

용소골 말벌집

제1 용소

10

금오산(金烏山)

약사암과 도선굴이 유명한 구미의 진산

약사암

높 이 : 976m

위 치 : 경북 구미시
　　　　칠곡군

경상북도 구미시, 칠곡군, 김천시에 걸쳐있는 금오산은 고려 때 대각국사가 이 산에서 수도하던 중 황금빛 까마귀가 날아가는 것을 보고 금오산이라 불렀다고 하며, 산 전체가 기암괴석과 급경사 절벽으로 비경 지대가 많아 1970년 6월에 도립공원으로 지정되었다.

주봉인 현월봉을 중심으로 백운봉, 칼다봉, 효자봉 등이 솟아있고 정상은 비교적 평탄하며, 고려 시대 자연암벽을 이용하여 축성된 길이 2km의 금오산성이 있다.

산자락에는 신라 말 도선국사가 창건한 해운사와 뒤쪽 암벽에 위치한 도선굴, 대혜폭포, 마애보살입상, 약사암, 금강사, 법성사, 대원사, 채미정 등이 있고, 시내에는 구미 전자산업단지가 있다.

등산 코스는 금오산관리사무소~해운사~도선굴~대혜폭포~오형돌탑~마애보살입상~약사암~정상 코스, 법성사~약사암~정상 코스, 지경마을 대원사~금오동천~고인돌~정상 코스 등이 있다.

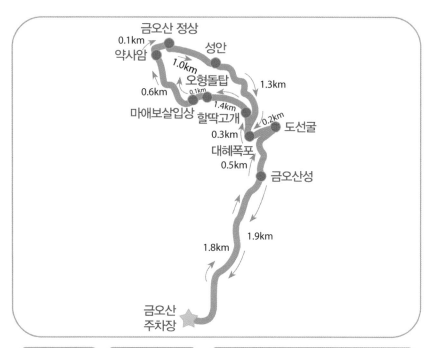

거리(km)	시간(시, 분)	산행일시 : 2019년 01월 01일
9.2	06:10	화요일 맑음

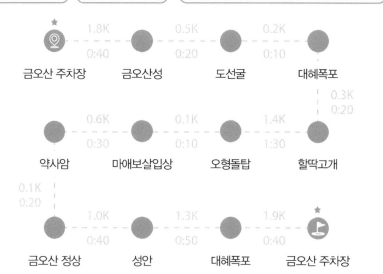

금오산 주차장	1.8K 0:40	금오산성	0.5K 0:20	도선굴	0.2K 0:10	대혜폭포

0.3K 0:20

약사암	0.6K 0:30	마애보살입상	0.1K 0:10	오형돌탑	1.4K 1:30	할딱고개

0.1K 0:20

금오산 정상	1.0K 0:40	성안	1.3K 0:50	대혜폭포	1.9K 0:40	금오산 주차장

산행기

경부고속도로를 타고 김천을 지나 구미IC에서 금오산을 바라보니 정상 부근의 약사암이 제비집처럼 보였다. 반도체, IT 등 전자공업단지로 유명한 구미 전자산업단지의 서남쪽에 위치한 금오산에 도착해 금오저수지를 지나 금오랜드 위의 금오산 주차장으로 이동했다.

등산안내도를 숙지하고 채미정을 둘러보았다. 채미정은 고려의 3대 충신인 3은(목은 이색, 포은 정몽주, 야은 길재) 중의 한 사람인 야은 길재 선생의 충절과 학덕을 기리기 위한 누각으로 명승 제52호로 지정되었다. 경모각, 구인재, 비각 등 경내를 둘러보았는데 학창시절 때 열심히 암송했던 회고가의 비석이 눈길을 사로잡았다.

등산안내도

회고가

　조선의 명필가 고산 황기로가 쓴 금오산의 깊고 그윽한 절경임을 뜻하는 '금오동학(金烏洞壑)' 글씨체를 감상하며 금오산성의 대혜문을 지나 해운사에 도착했다.

　해운사는 신라 말기에 도선국사가 창건한 사찰로 고려말 길재가 이 절과 도선굴에 은거하면서 도학을 익혔다고 한다. 사천왕상, 포대화상, 대웅전, 약사유리광여래불, 삼성각, 범종각 등 경내를 둘러보고 도선굴로 이동했다.

　해운사 뒤 바위 절벽을 쇠밧줄을 잡고 올라가다 절벽 중간에 높이 4.5m, 너비 4.8m의 너른 굴을 발견했다. 도선국사가 득도했다고 하여 불리게 된 도선굴에는 불상이 모셔져 있었고 그 옆으로 가는 물줄기의 세류폭포가 흐르는 형상이 신비스러움을 자아냈다.

도선굴

도선굴

바위 절벽을 되돌아 내려가 대혜폭포에 도착했다. 대혜폭포는 금오산 정상 부근의 분지에서 발원한 물이 폭포수가 되어 27m 높이의 수직 절벽을 타고 떨어지는데 물 떨어지는 소리가 금오산을 울린다고 하여 일명 명금폭포라고도 불린다. 폭포 하단의 움푹 팬 욕담은 하늘에서 선

대혜폭포

녀가 내려와 목욕을 하던 곳이라고 한다.

가파른 오르막길을 올라 할딱고개에 도착해 구미 시내를 내려다보니 경치가 장관이었다.

기이한 형상의 돌탑들이 옹기종기 쌓여있는 오형 돌탑에 도착해 돌탑을 직접 쌓은 김용수 씨를 우연히 만났다.

오형 돌탑은 김용수(2014년, 당시 67세) 씨가 하늘나라로 일찍 떠난 손주를 그리며 9년간 쌓은 돌탑으로 금오산의 '오' 자와 손주의 이름에 '형' 자를 따서 오형 돌탑이라고 명명했다고 한다. 손주 김형석은 뇌병변장애로 인해 태어날 때부터 말하지도 걷지도 못하다가 10살이 되던 해에 갑작스러운 패혈증으로 죽었다고 한다. 세상에 태어나 학교를 단 하루밖에 못 다닌 형석이를 위해 '오형 학당'이라는 돌탑들을 쌓기 시작하였고 손주를 그리워하는 안타까운 마음으로 하나둘씩 쌓은 돌탑들이 어느새 금오산의 명물이 되었다. 매년 10월 5일이 형석이의 기일이라고 했다. 산 정상 곳곳에 쌓인 돌탑들을 보면서 할아버지의 손주 사랑의 지극함에 탄복했다.

오형 돌탑

오형 돌탑

자연암벽의 돌출부에 조각된 높이 5.5m의 금오산 마애보살입상(보물 제490호)을 둘러보고 약수터에서 석간수를 한 바가지 마신 다음 가파른 오르막길을 올라 약사암에 도착했다.

마애보살입상

절벽 위에 설치된 구름다리를 건너가니 범종각에 큰 종이 있는데 종에 대통령 박정희, 영부인 육영수, 영애 박근혜, 박은영, 영식 박지만이라는 글귀가 새겨져 있었다. 범종각에서 구미 시내와 약사암을 바라보니 경치가 한 폭의 그림 같았다. 약사암은 신라 시대 의상대사가 창건한 절로 약사전 석조여래좌상으로 유명하다. 약사전에 참배하고 경내를 둘러본 다음 현월봉 정상으로 올라갔다.

약사암 범종

정상석을 배경으로 인증사진을 찍고 옛 현월봉에서 약사암을 내려다보니 바위 절벽에 붙어있는 약사암이 마치 처마에 달린 제비집 같았다.

금오산성 내 고인돌, 금오정, 습지, 성터를 둘러보고 할딱고개로 내려와 대혜폭포를 지나 금오산 주차장에 도착했다. 귀갓길에 김천시 감문면의 배시내 석쇠불고기 식당에서 저녁식사를 했는데 식당 안은 많은 사람들로 북적거렸다.

약사암

11

대야산(大耶山)

용추계곡과 선유동계곡이 아름다운 백두대간 상의 산

삿갓바위에서 바라본 대야산

높 이 : 931m

위 치 : 경북 문경시 가은읍

경상북도 문경시 가은읍과 충청북도 괴산군 청천면에 걸쳐있는 대야산은 용추계곡의 용추골, 피아골, 선유동계곡 등 계곡미가 아름다운 산으로 유명하며 속리산국립공원에 속해 있다.

눌재~청화산~조항산~대야산~촛대봉~버리미기재로 이어지는 백두대간 상에 있으며, 대야산 정상에서 버리미기재까지는 촛대봉으로 내려가는 수직 절벽의 급경사 밧줄 구간과 미륵바위, 곰넘이봉 등 기암괴석들이 즐비하여 경관이 뛰어나나 위험 구간으로 출입을 통제하고 있다.

용추골에는 가마소, 무당소, 용추, 월영대가 있고, 산 능선 곳곳에 삿갓바위, 대문바위, 마귀할멈통시바위, 떡바위, 미륵바위, 곰바위, 농바위 등 기암괴석이 많이 있다.

대야산 정상 암벽 밧줄 구간

미륵바위

　정상에서의 조망은 남에서 북으로 속리산, 청화산, 조항산, 대야산, 장성봉, 악희봉, 희양산으로 이어지는 백두대간능선이 장쾌하게 뻗어있고 동쪽으로 둔덕산, 서쪽에 가령산, 낙영산, 도명산, 군자산이 보인다.

　주변에는 화양계곡, 쌍곡계곡, 봉암사, 각연사, 법주사, 문경 석탄박물관 에코랄라, 탄산 온천인 초정온천, 산막이옛길 등의 관광명소가 있다.

　등산 코스는 벌바위~용추골~피아골~정상 코스로 오른 다음 정상~밀재~떡바위~월영대~용추골~벌바위로 하산하거나 정상~밀재~마귀할멈통시바위~둔덕산~벌바위로 하산하는 코스와 이평리 마을회관~농바위골~밀재~정상~중대봉~농바위~이평리 코스가 있다.

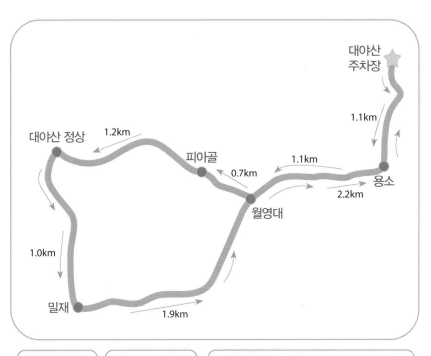

🏃 거리(km) 9.2	🕐 시간(시, 분) 06:20	📅 산행일시 : 2018년 08월 15일 수요일 맑음

산행기

벌바위의 대야산 주차장에 주차하고 계단 길을 걸어 올라 작은 고개를 넘어 용추계곡의 식당가에 도착했다. 10년 전만 해도 이곳에 심만섭 씨가 운영하는 '돌마당'이라는 식당 겸 민박집이 있었는데 심 사장님은 대야산 지킴이로 대야산 등산로를 정비하고 조난 당한 등산객들을 구조했으며 백두대간 종주객들에게 교통편의를 제공해 주곤 했다. 지금은 식당 주인이 다른 사람으로 바뀌었고 아름다운 가마소는 식당 평상으로 변해 버렸다. 마당소를 지나 암수 두 마리의 용이 하늘로 올라갔다는 용추에 도착했는데 많은 관광객들이 그 곳에서 물놀이를 하고 심지어 다이빙도 하고 있어 눈살이 찌푸려졌다. 전에는 용추에 사람들이 접근하지 못해 아름다운 경치를 감상할 수 있었으나 지금은 관리가 엉망진창이었다. 누구 하나 관리하는 사람도 없고 몰상식한 사람들도 너무 많아 눈살이 찌푸려졌다. 마음속으로 후손들을 위해 아름다운 자연경관을 보존해야겠다는 다짐을 하면서 용추계곡으로 올라갔다.

등산안내도

용추

월영대에서 잠시 쉰 다음 가파른 계단을 힘들게 올라가는데 날씨가
너무 뜨거워 철계단을 맨손으로 잡기가 힘들 정도였다. 정상에 도착하
니 백두대간 코스로의 하산길은 출입이 통제되어 있었고 감시카메라도
작동 중이었다. 정상석을 배경으로 인증사진을 찍고 사방을 둘러 보았다.

　　남쪽으로 조항산과 청화산 너머로 속리산 암릉이 병풍처럼 둘러 쳐
져 있었고 서쪽으로 백악산, 도명산, 가령산, 낙영산과 선유동계곡, 북쪽
으로 촛대봉을 지나 버리미기재로 이어지는 백두대간능선과 군자산, 칠
보산, 장성봉, 악희봉, 희양산, 동쪽으로는 둔덕산이 보였다.

월영대

대야산 정상에서 바라본 백두대간

대아산 정상

남쪽으로 암릉을 오르내리며 삿갓바위에 도착해 정상 능선의 암릉 풍경을 바라보았다. 삿갓바위 꼭대기에 올라 주변 경치를 구경한 다음 대문바위를 향해 인증사진을 찍었다. 커다란 두 개의 바위가 우뚝 서 있는 대문바위를 구경하고 밀재로 내려갔다. 밀재에서 백두대간 코스는 남쪽으로 굴바위를 지나 마귀할멈통시바위를 거쳐 조항산으로 이어지는데 우리는 동쪽으로 떡바위를 지나 월영대로 내려갔다.

삿갓바위에서 바라본 대야산 암릉

삿갓바위

대문바위

휘영청 밝은 달밤에 희디흰 바위와 계곡에 흐르는 물에 어린 그림자가 낭만적이라는 월영대에 도착해 맑은 계곡물에 발을 담그니 시원함이 온몸으로 짜릿하게 전해지는 기분이었다. 월영대에서 내려오는 약 2km의 용추계곡은 암반과 소의 연속으로 경치가 절경이었다. 대야산 주차장에 도착해 산행을 마감하고 귀갓길에 문경읍의 "원조약돌가든"에서 약돌 삼겹살로 저녁식사를 했다. 노희자 님이 우리의 해파랑길 트레킹 완주에 대한 격려로 오늘의 저녁식사와 격려금까지 주셔서 너무 감사하고 행복했다.

문경에는 새재계곡, 선유동계곡, 용추계곡, 쌍용계곡, 진남교반, 운달계곡, 경천호, 봉암사 백운대의 문경 8경이 있다. 희양산 자락에 있는 봉암사는 신라말에 창건된 구산선문 중 희양산문의 중심사찰로 국보 제315호의 지증대사탑비가 있는 조계종 특별수도원이다. 평상시에는 민간인의 출입을 통제하고 석가탄신일에만 산문을 개방하고 있다.

12

청량산(淸凉山)

암봉미 빼어나고 하늘다리 유명한 봉화의 명산

청량산 청량사

높이 : 870m

위치 : 경북 봉화군 명호면

경상북도 봉화군 명호면에 위치한 청량산은 '청량산 육육봉'이라고 하는 경일봉, 탁립봉, 자소봉, 탁필봉, 연적봉, 자란봉, 선학봉, 장인봉, 연화봉, 향로봉, 금탑봉, 축융봉 등 연꽃처럼 어우러진 12개의 봉우리와 조망이 뛰어난 8대, 3굴을 보유한 전형적인 바위산이다.

관창리 마을 앞의 깎아지른 절벽과 어우러진 낙동강과 청량산의 여러 암봉들의 경관이 한 폭의 산수화처럼 아름다워 1982년 8월 도립공원으로 지정되었고 2007년 3월에는 국가지정 문화재 명승 제23호로도 지정되었다.

신라 명필 김생을 비롯하여 최치원, 이황, 주세붕 등 역사적 인물들이 이 산에 머물렀으며 원효대사가 창건한 청량사는 천년고찰로 한때는 27개의 암자를 거느린 큰 사찰이었으나 지금은 유리보전, 응진전, 오층석탑만이 남아있다.

2008년 5월에 준공된 자란봉과 선학봉을 연결하는 90m의 청량산 하늘다리는 국내에서 가장 높은 곳에 위치한 산악형 현수교량으로 청량산의 새로운 관광명소로 사랑받고 있다.

등산 코스는 입석, 선학정, 청량폭포를 들머리로 해서 청량사를 중심으로 사방을 둘러싼 암봉들을 능선을 따라 이동하며 정상에 오른 다음 장인봉에서 청량사로 되돌아 내려오거나 금강대를 거쳐 탐방안내소로 내려오는 코스가 있다.

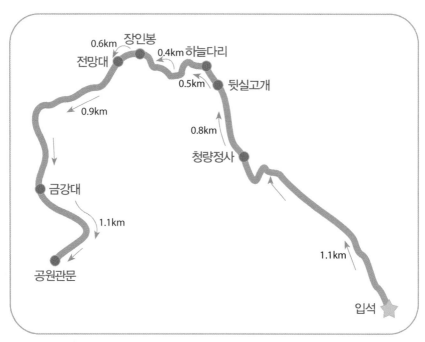

거리(km)
5.4

시간(시. 분)
04:40

산행일시 : 2019년 05월 06일
월요일 비 온 뒤 맑음

등산안내도

산행기

새벽 5시 주왕산 리조텔을 출발해 청송의 주산지를 구경하러 갔다.

2003년 김기덕 감독의 〈봄 여름 가을 겨울 그리고 봄〉이란 영화촬영지로 유명한 주산지에 들러 왕버들과 저수지 주변 경치를 감상했다. 수백 년 된 물속의 왕버들이 잔잔한 호수와 어우러져 멋진 풍광을 자아냈다.

10시 청량산 입석에 도착, 등산로 입구에서 나무계단을 올랐다. 금탑봉 아래 원효대사가 머물렀던 응진전을 구경한 다음 최치원이 마시고 총명함을 얻었다는 약수터인 총명수에 들러 물 한 바가지를 시원하게 마시고 어풍대에 올랐다.

주산지 왕버들

어풍대는 금탑봉 중간에 위치한 전망대로 청량사를 조망하기 좋은 장소인데 옛날 중국의 '열어구'가 바람을 타고 와서 보름 동안 놀다 되돌아갔다고 해서 붙여진 이름이라고 한다.

응진전

어풍대에서 바라본 청량사

신라의 명필 김생이 10년 동안 글씨를 연마했다는 김생굴을 구경하고 산꾼의 집을 지나 청량사로 이동했다.

청량사는 신라 시대 원효대사가 창건한 사찰로 연하봉 기슭의 열두 암봉 가운데 자리 잡고 있었다. 창건 당시에는 27개의 부속건물을 가진 큰 사찰이었으나 조선 시대 억불숭유정책으로 모두 폐사되고 지금은 유리보전과 응진전, 오산당, 오층석탑 등만이 남아있었다.

청량사

청량사를 둘러보고 유리보전 옆으로 고광나무꽃과 고추나무꽃이 만발한 가파른 계단 길을 올라 뒷실고개에 도착한 후 탁필봉의 경치를 구경하고 끝없이 이어지는 계단을 힘겹게 올라 하늘다리에 도착했다.

탁필봉

하늘다리

　자란봉과 선학봉을 연결하는 청량산 하늘다리는 해발 800m 지점에 위치한 길이 90m로 국내에서 가장 높은 곳에 설치된 가장 긴 현수교량으로 관광객들에게 인기가 높다.

　하늘다리를 건너 가파른 계단을 올라 장인봉에 도착해 인증사진을 찍고 사방을 둘러보았다. 동쪽으로 청량산의 십여 개 봉우리들이 마치 낙타 등처럼 올록볼록하게 솟아나 있었고 남쪽으로 축융봉과 청량산성이 한눈에 들어왔다. 서쪽으로는 낙동강 물줄기가 아름다웠다.

　전망대~금강대~공원 관문으로 산행 코스를 정하고 장인봉 남쪽 수직 절벽 계단을 내려갔다. 계단 경사가 거의 수직으로 끝도 없이 가파른 계단을 내려와 전망대에 도착해 뒤돌아보니 정상이 까마득하게 멀리 보였다.

장인봉

전망대에서 바라본 청량산

두들마을과 축융봉 경치를 감상하며 금강대에 도착해 할배할매송을 구경하고 청량교 주변 광석마을이 있는 낙동강을 내려다보니 주변 풍경이 너무 아름다웠다.

금강대에 고귀한 자태를 뽐내며 서 있는 여여송을 구경하고 토끼비리 같은 등산로를 걸어 금강굴과 삼부자송을 지나 공원 관문의 탐방안내소에 도착했다.

금강대에서 바라본 낙동강

청량폭포를 둘러본 다음 인근 마을의 고마운 아저씨 도움으로 차를 타고 입석에 도착해 이번 산행을 마감했다.

귀갓길에 봉성의 '솔봉숯불구이식당'에서 돼지양념숯불구이로 맛있게 저녁식사를 했다.

봉화군 봉성면은 봉성돼지숯불단지로 유명하다. 소나무 숯과 솔잎을 이용해 돼지숯불구이를 구워내는데 맛과 향이 일품이다. 돼지숯불구이의 원조로 알려진 희망정을 비롯해 청봉, 솔봉, 두리봉, 봉성식육식당 등 많은 식당들이 봉성면과 명호면을 잇는 도로변에서 성업 중이다.

봉화는 송이버섯으로 유명하고, 춘양면의 국립백두대간수목원과 영주 부석사도 유명하다. 부석사는 신라 시대 의상이 창건한 천년고찰로 한국 화엄종의 근본 도량이며 경내에는 무량수전(국보 제18호), 조사당(국보 제19호), 소조여래좌상(국보 제45호), 조사당 벽화(국보 제46호), 무량수전 앞 석등(국보 제17호) 등의 국보와 삼층석탑, 석조여래좌상, 당간지주 등의 보물이 있다.

13

내 연 산(內 延 山)

12폭포 자랑하며 보경사 품은 포항의 명산

내연산 관음폭포

높 이 : 711m

위 치 : 경북 포항시 송라면

경상북도 포항시 송라면과 영덕군 남정면의 경계에 있는 내연산은 북쪽으로 문수봉~삼지봉~향로봉으로 이어지는 내연산 주 능선과 서쪽의 매봉 주 능선, 남쪽의 삿갓봉~우척봉의 천령산 주 능선으로 둘러싸여 있다.

삼지봉 남쪽의 보경사계곡에는 상생폭포, 보현폭포, 삼보폭포, 잠룡폭포, 무풍폭포, 관음폭포, 연산폭포, 은폭포, 제1, 2, 3 복호폭포, 시명폭포 등 12개의 폭포가 있고 신선대, 학소대, 비하대, 선일대, 병풍바위 등의 기암절벽이 장관을 이루고 있어 1983년 10월에 군립공원으로 지정되었다.

산의 남쪽 기슭에는 고찰 보경사와 부속암자인 서운암과 문수암이 있다. 보경사는 신라 시대 지명법사가 창건한 사찰로 경내에는 원진국사비(보물 제252호), 보경사 부도(보물 제430호), 오층석탑, 부도군 등의 문화유산이 있다.

등산 코스는 보경사~삼지봉~향로봉~시명리~연산폭포~보경사 코스, 보경사~연산폭포~시명리~삼거리~샘재 코스, 보경사~우척봉~삿갓봉~삼거리~시명리~연산폭포~보경사 코스 등이 있다.

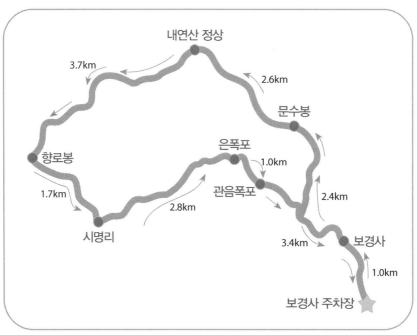

🏃 거리(km) 18.6	🕐 시간(시, 분) 08:40	📋 산행일시 : 2019년 05월 04일 토요일 맑음

산행기

경북에는 대표적인 경북 8경이 있는데 제1경 문경 진남교반, 제2경 문경새재, 제3경 청송 주왕산, 제4경 구미 금오산, 제5경 봉화 청량산, 제6경 포항 내연산, 제7경 영주 희방폭포, 제8경 의성 빙계계곡이다.

아침 6시 대전을 출발해 10시에 포항 보경사 앞 '학산식당'에서 도착해 아침식사를 하고 보경사 경내를 둘러보았다. 보경사는 신라 시대 지명법사가 진나라에서 구해온 팔면보경을 연못에 묻고 그 자리에 금당을 세웠다고 전해지는 사찰이다. 대웅전, 대적광전, 명부전, 팔상전, 영산전, 산신각, 오층석탑 등 경내를 찬찬히 둘러보고 보경사계곡으로 올라갔다.

상생폭포를 바라보며 녹음이 우거진 산길을 걸어 문수암에 도착했다. 인기척도 없는 조용한 산사에서 대웅전에 참배하고 잠시 휴식을 취한 다음 문수봉으로 올라갔다. 5월 초순이라 철쭉꽃이 만발했고 참나무에 파란 새싹들이 돋아 봄의 기운을 온몸으로 받는 것 같았다.

보경사

문수암

문수봉에서 기념사진을 찍고 철쭉꽃이 만개한 등산로를 따라 내연산 정상 삼지봉에 도착해 인증사진을 찍었다. 꽃과 녹음이 어우러진 등산로가 환상적이었다.

문수봉

삼지봉

철쭉꽃

완만한 내연산 주 능선을 따라 이동하며 주변 경치도 감상하고 숲 향기도 즐기며 향로봉으로 이동했다. 향로봉은 내연산에서 가장 높은 봉우리로 매봉과 시명리로 갈라지는 지점이다.

고메이등을 내려와 시명리에 도착했다. 시명폭포, 실폭, 복호 2폭, 복호 1폭을 구경하며 너덜지대를 지나 은폭포에 도착했다. 은폭포의 쏟아지는 폭포수를 감상하며 잠시 휴식을 취했다.

향로봉

복호 2폭포

은폭포

학소대를 구경하고 계곡을 내려와 관음폭포에 도착해 관음굴을 배경으로 기념사진을 찍고 철교를 건너 연산폭포에 도착했다. 4개의 큰 굴에서 두 줄기로 뿜어내는 관음폭포와 관음폭포 뒤에 숨어 장엄하게 쏟아지는 연산폭포수 풍광이 압권이었다. 연산폭포의 다리 위에서 바라보는 비하대의 경치도 절경이었다.

하산하면서 무풍폭포, 잠룡폭포, 삼보폭포, 보현폭포를 구경한 다음 상생폭포에 도착했다.

비하대

연산폭포

상생폭포

보경사를 지나 보경사 주차장에 도착해 산행을 마치고 포항 시내 죽도시장을 구경하러 갔다.

죽도시장 내 수향회식당에서 우럭 물회로 저녁식사를 했다. 수향식당은 물회 생선으로 우럭만 사용하는데 담백하고 맛이 일품이었다. 죽도시장은 문어 숙회와 물회로 유명하다.

포항에는 우리나라 내륙에서 가장 먼저 해가 뜨는 일출명소인 호미곶(상생의 손)과 영일대해수욕장, 오어사, 이가리닻 전망대 등의 관광명소가 있다.

호미곶 상생의 손

14

가지산(加 智 山)

석남사와 쌀바위 품은 영남알프스의 최고봉

가지산 정상

높 이 : 1,241m

위 치 : 울산광역시

　　　　울주군 상북면

울산광역시 울주군 상북면과 경상북도 청도군 운문면에 걸쳐있는 가지산은 영남알프스의 최고봉으로 동쪽으로 상운산, 고헌산, 서쪽으로 운문산, 억산, 남쪽으로 석남고개를 넘어 천황산으로 긴 능선이 이어져 있다.

운문령에서 가지산을 거쳐 운문산으로 이어지는 긴 능선은 말 등같이 넓고 귀바위, 쌀바위 등 기암과 억새 및 산죽 지대로 이어지며 산 정상과 능선에서의 조망이 뛰어나다.

능선 북쪽에는 경치가 수려한 심심이골, 학심이골과 운문사, 석골사가 있고 남쪽에는 석남사 골과 석남사가 있다.

운문사와 석남사는 통도사의 말사로 비구니(여승) 사찰이며 운문사에는 금당 앞 석등(보물 제193호), 운문사 동호(보물 제208호), 원응국사비(보물 제316호), 석조여래좌상(보물 제317호), 석조사천왕상(보물 제318호), 동·서 삼층석탑(보물 제678호), 비로전(보물 제835호), 비로자나삼신불회도(보물 제1613호), 비로전 관음보살, 달마대사 벽화(보물 제1817호), 운문사 처진 소나무(천연기념물 제180호)와 석남사의 석남사 부도(보물 제369호), 삼층석탑 등 문화재가 많다.

등산 코스는 석남사~능선삼거리~상운산~쌀바위~가지산~석남고개 코스, 운문사~학심이고개~쌀바위~가지산 코스, 석골사~운문산~아랫재~가지산 코스 등이 있다.

운문사 처진 소나무

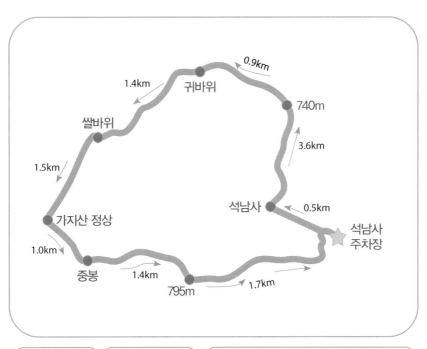

	거리(km) 12.0		시간(시, 분) 06:30		산행일시 : 2019년 11월 02일 토요일 맑음

산행기

언양읍의 '원조 옛날 곰탕'에서 아침식사를 하고 시골 장터에서 뽕나무 느타리버섯을 샀다.

뽕나무 느타리버섯은 쫄깃쫄깃하고 은은한 버섯 향이 매력적이며 항암효과와 고혈압에 효능이 있다고 알려진 버섯으로 구하기 힘든데 여기서 만나 흐뭇한 마음으로 구입했다.

석남사 주차장에 도착해 가지산을 바라보니 정상에서 쌀바위로 이어지는 장쾌한 능선과 단풍 든 산세가 어우러져 경치가 장관이었다.

석남사 주차장에서 바라본 가지산

석남사 일주문을 지나 소나무가 울창한 숲길을 따라 석남사에 도착해 대웅전, 극락전 등 경내를 둘러보고 등산로 입구에서 귀바위를 향해 산행을 시작했다.

참나무가 누렇게 물든 숲길을 걸어 올라 능선 삼거리에 도착해 산판

석남사 일주문

귀바위

도로를 따라 걷다가 산길로 접어들어 귀바위에 도착했다. 돌탑이 있는
바위봉우리인 귀바위에서 사방을 바라보니 석남사와 언양읍 너머로 간
월산~신불산~영축산으로 이어지는 능선이 장쾌하고 쌀바위와 가지산
정상풍경도 장관이었다.

상운산(1114m)을 지나 쌀바위에 도착했다. 옛날 한 수도승이 이곳에서 수도를 하던 중 매일 한 사람이 하루 먹을 분량의 쌀이 나오던 쌀바위에 더 많은 쌀이 나오도록 구멍을 더 키웠더니 그때부터 쌀이 더

쌀바위

쌀바위 정상에서 바라본 석남사 골

이상 나오지 않았다고 한다. 인간의 탐욕을 경계하는 전설로 지금은 쌀 대신 석간수가 졸졸 흐르고 있었다. 쌀바위 정상에서 석남사 골을 바라 보니 단풍과 어울린 언양읍의 경치가 장관이었다.

가지산 정상에 도착해 정상석을 배경으로 인증사진을 찍고 사방을 둘러보았다. 쌀바위와 상운산으로 이어지는 능선과 반대 방향의 헬기장 너머 운문산으로 쭉 뻗어 나간 능선이 장쾌했다. 남쪽으로 중봉 아래에 서 석남고개로 이어진 능선이 저녁노을에 물들어 황홀한 경치를 연출 했다.

가지산 정상

가지산 정상에서 바라본 운문산능선

석남고개 능선

석남고개 방향으로 하산하며 밀양고개를 지나 중봉에 도착해 지나온 쌀바위를 뒤돌아보니 절벽 위에 성벽처럼 서 있는 광경이 장관이었다. 때늦은 단풍이 저녁노을에 물들어 그림 같은 풍경을 연출했다.

795m봉에서 석남사 방향으로 가파른 산길을 걸어 내려갔다. 하산길은 가파른데 날이 저물어 어두컴컴한 등산로를 핸드폰 불빛에 의존해 우여곡절 끝에 내려와 저녁 7시 석남사 주차장에 도착했다.

울주군 삼남면 교동리의 '언양진미불고기'에서 언양불고기로 저녁식사를 했는데 고기 맛이 일품으로 너무 행복했다.

중봉

중봉에서 바라본 쌀바위

15

신불산(神佛山)

우리나라 최대의 억새 평전 신불재, 간월재 품은 산

신불재

높 이 : 1,159m

위 치 : 울산광역시

　　　울주군 상북면

울산광역시 울주군 상북면과 삼남읍에 걸쳐있는 신불산은 영남알프스의 핵심을 이루고 있는 산으로 남쪽의 신불재와 신불평전, 북쪽의 간월재 일원의 넓은 억새평원으로 유명한 산이다.

배내봉~간월산~신불산~영축산~시살등으로 이어지는 능선이 평탄하며 장쾌하고 영축산의 기암절벽이 병풍처럼 펼쳐져 통도사를 감싸고 있다.

주변에는 불보사찰 통도사, 등억온천, 자수정나라, 홍류폭포, 파래소폭포, 반구대 암각화(국보 제285호), 작괘천, 자드락숲, 외고산 옹기마을 등의 관광명소가 있다.

산행 코스는 등억온천랜드~간월공룡릉~간월재~신불산 코스, 배내산장~청수골산장~선림골~신불재~신불산 코스, 가천리 마을회관~불승사~신불재~신불산 코스, 배내고개~배내봉~간월산~간월재~신불산~신불재~영축산~함박등~통도사 코스 등이 있다.

★ 산행 후기

배내고개 ★ — 1.4km
배내봉 ●
2.6km
간월산 ● — 0.8km
간월재 ● — 1.6km
신불산 ● — 1.0km
신불재
2.2km
영축산 ●
1.8km
비로암 ●
5.4km
통도사매표소 ●

🏃 거리(km)
16.8

🕐 시간(시, 분)
10:00

📋 산행일시 : 2019년 04월 28일
일요일 맑음

	1.4K		2.6K	
	1:00		1:30	
배내고개		배내봉		간월산

0.8K
0:40

신불재		신불산		간월재
	1.0K		1.6K	
	0:40		1:20	

2.2K
1:10

영축산		비로암		통도사매표소
	1.8K		5.4K	
	1:40		2:00	

산행기

통도사 일주문 앞 주차장에 주차하고 양산 개인택시를 이용해 울주군 상북면의 배내고개로 이동했다. 배내고개는 옛날 장꾼과 보부상들이 천황산 사자평을 지나 밀양 단장면으로 가거나 능동산에서 층암절벽의 빙곡을 가로질러 얼음골로 갈 때 모이던 고개로 '장구만디'라고도 불렀다. '배내고개 오두메기'는 상북 거리 오담(간창, 거리 하동, 지곡, 대문동, 방갓)에서 오두산 기슭을 감고 돌아 배내고개로 이어지는 우마고도로 밀양과 원동에서 물목을 거두어들인 장꾼들이 큰 장이 서는 언양으로 가던 통로였다. 일명 영남알프스의 우마고도라고도 한다.

나무계단을 오르며 주변을 둘러보니 4월 말인데도 해발이 높아서인지 아직 나무에 잎들이 많이 돋지 않았다. 배내봉에 도착해 천황봉 쪽을 바라보니 산 아래에서 위로 푸른색에서 연두색으로 봄기운이 올라오고 있었다.

하늘억새길

배내봉에서 바라본 천황산

배내봉 정상에서 정상석을 배경으로 기념사진을 찍고 능선을 따라 이동하며 언양읍과 등억온천랜드의 조망을 감상하니 장관이었다. 등짐을 진 채로 쉰다는 '선짐이 질등'을 지나 가파른 능선을 올라 간월산에 도착했다. 커다란 정상석이 서 있는 정상에서 사방의 조망을 구경하고 간월산 규화목에 도착했다.

간월산 규화목은 나무가 오랜 세월을 지나면서 화산활동이나 홍수 등 강한 힘에 의해 화석화된 것으로 자세히 보면 나무의 나이테도 보인다.

간월산

간월산 규화목

간월재에 도착했다. 신불산과 간월산 사이에 있는 간월재는 영남알프스의 관문으로 옛날 배내골 주민, 울산 소금장수, 언양 소장수, 장꾼들이 줄을 지어 넘던 고개다. 10만 평의 억새밭에는 가을이면 은빛 물결 억새들이 출렁거리고 옛날에는 10월에 주민들이 억새를 베어다가 지붕을 이었다고 한다. 간월재 아래 왕방골은 박해받던 천주교인들의 은신처였다고 한다.

간월재

간월재 억새

　간월재 휴게소에 들러 컵라면으로 점심식사를 했다. 휴게소 내에 컵라면의 효능 열 가지를 써 놓았는데 '얼굴이 부어 피부가 좋아진다.' '부부 금실이 좋아진다.' 등 내용이 흥미롭고 재미있었다. '간월재 해발 900m'라고 쓰인 커다란 돌탑을 구경하고 긴 나무계단을 올랐다.

　길가에 노랑제비꽃이 예쁘게 피었고 진달래가 만발했다. 바위와 어우러진 진달래 꽃길을 걸으며 가파른 계단 길을 올라 신불산에 도착했다.

　신불산 정상은 커다란 정상석과 돌탑이 만발한 진달래와 어울려 경치가 매우 아름다웠다. 정상석을 배경으로 인증사진을 찍고 사방을 둘러보니 신불산 공룡능선과 영축산 방향의 장쾌한 능선이 장관이었다.

신불산

신불산 정상

신불공룡능

신불산 진달래

신불산

신불재

능선을 따라 이동하다 억새밭 사이로 난 계단을 내려가 신불재에 도착하니 주변이 온통 억새밭이었다. 진달래가 만개한 능선길을 따라 올라가며 간간이 나타난 양지꽃과 처녀치마의 예쁜 모습도 구경했다.

영축산에 도착해 지나온 능선길을 되돌아보니 장쾌하고 웅장했다. 영축산 정상에서 기념사진을 찍고 함박등을 지나 함박재에서 극락암으로 하산했다.

영축산

영축산 정상

통도사 적멸보궁

극락암 경내를 둘러보고 통도사로 내려왔다.

우리나라에는 대표적인 삼보(불, 법, 승)사찰이 있는데 부처님의 진신사리를 모신 불보사찰인 양산 통도사, 팔만대장경을 보관한 법보사찰인 합천 해인사, 많은 고승을 배출한 승보사찰인 승주 송광사가 해당된다.

유네스코 세계문화유산에 등재되고 영축총림인 통도사에는 대웅전(국보 제290호), 봉발탑(보물 제471호), 삼층석탑(보물 제1471호), 영산전(보물 제1826호), 대광명전(보물 제1827호), 대광명전 삼신불탱화(보물 제1042호) 등 많은 문화재가 있다.

대웅전, 금강계단, 극락보전, 약사전, 관음전, 명부전, 용화전, 삼성각, 석등, 세존비각, 개산조당, 해장보각, 범종각, 성보박물관, 부도전 등을 둘러보고 2km의 울창한 금강송으로 유명한 '무풍한송로'를 걸어 내려와 일주문에 도착해 산행을 마쳤다.

16

팔공산(八公山)

소원성취 갓바위와 동화사를 품은 대구의 진산

관봉석조여래좌상

높 이 : 1,193m

위 치 : 대구광역시 동구

경북 영천시 경산시

대구광역시 북동쪽에 장벽처럼 솟아 칠곡군, 군위군, 영천시, 경산시에 걸쳐있는 팔공산은 대구의 진산이다. 최고봉인 비로봉을 중심으로 남동쪽으로 동봉, 염불봉, 인봉, 노적봉, 관봉으로 이어지고 서쪽으로 서봉, 톱날능선, 파계봉, 한티재, 가산으로 이어진다.

한티재를 중심으로 동쪽을 팔공산, 서쪽을 가산산성이라 부르며 군위군 부계면 남산리에 제2 석굴암을 포함해 1980년 5월 도립공원으로 지정되었다.

산기슭에는 동화사, 부인사, 파계사, 은해사, 선본사, 관암사, 비로암, 부도암, 내원암, 양진암, 염불암, 성전암, 백흥암, 운부암 등 수많은 사찰들과 암자들이 있다.

관봉에 위치한 팔공산 갓바위의 관봉석조여래좌상(보물 제431호)은 간절히 기도를 올리면 한 가지 소원은 반드시 들어준다는 기도발이 좋은 곳으로 수능이나 공무원 시험 등 각종 시험들을 앞두고 전국에서 수많은 사람들이 이곳을 찾는다.

등산 코스는 수태골 입구, 동화사, 팔공산 케이블카를 이용해 정상에 올랐다가 동봉을 거쳐 능선을 타고 관봉을 지나 갓바위 주차장으로 하산하거나 파계사에서 파계재로 서봉을 거쳐 정상에 올랐다가 동봉을 거쳐 갓바위까지 종주하는 코스가 있다.

가산~팔공산~환성산~초례봉으로 이어지는 '가팔환초' 코스는 대구를 대표하는 41km의 장거리 종주 코스다.

★ 산행 후기

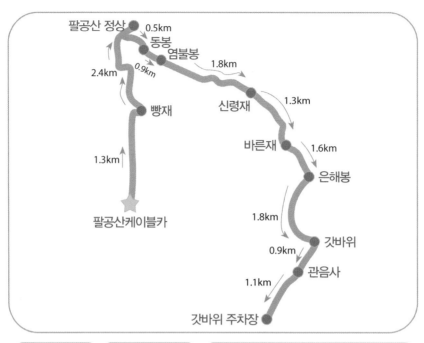

 거리(km)
13.6

시간(시. 분)
07:40

산행일시 : 2018년 12월 30일
일요일 맑음

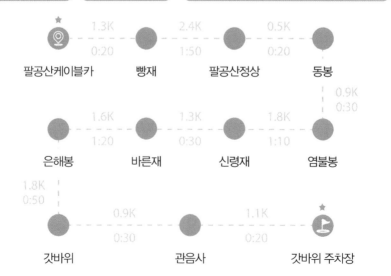

| 팔공산케이블카 | 1.3K / 0:20 | 빵재 | 2.4K / 1:50 | 팔공산정상 | 0.5K / 0:20 | 동봉 |

| 은해봉 | 1.6K / 1:20 | 바른재 | 1.3K / 0:30 | 신령재 | 1.8K / 1:10 | 염불봉 | 0.9K / 0:30 |

| 갓바위 | 1.8K / 0:50 | | 0.9K / 0:30 | 관음사 | 1.1K / 0:20 | 갓바위 주차장 |

산행기

10시 팔공산 케이블카 승강장에 도착해 케이블카를 타고 전망대에 도착했다. '지극하면 이루어진다'라는 소원바위를 구경하고 해발 820m의 신림봉에 올라 주변 경치를 감상했다. 우뚝 솟은 바위 꼭대기에 올라 팔공산 정상을 바라보니 경치가 장관이었다.

팔공 스카이라인

신림봉에서 바라본 팔공산

　전망대에서 동화사관광지구 경관을 구경하고 빵재를 거쳐 동봉 갈
림길에서 오도재를 지나 비로봉에 도착했다. 팔공산 정상인 비로봉에는
방송중계소와 군 시설이 있어 출입을 통제했다. 정상석을 배경으로 인
증사진을 찍고 올라간 길을 되돌아 내려와 팔공산 제천단과 동봉 약사
여래입상을 둘러본 다음 동봉으로 이동했다.

　동봉에서 바라본 비로봉을 중심으로 한 정상부근과 서봉에서 한티
재로 이어지는 장쾌하게 뻗어있는 톱날능선의 풍경이 압권이었다. 동화
사지구와 팔공산컨트리클럽 풍경도 장관이었다.

팔공산 비로봉

팔공산 정상

동봉

팔공산 동릉

능선을 따라 이동하며 염불봉을 지나 동화사 갈림길인 신령재에 도착했다. 동봉에서 2.7km인 지점이었다. 993m봉에 올라 지나온 길을 되돌아보니 정상으로의 능선이 환상적이었다.

능성재를 거쳐 은해사로 내려가는 갈림길인 883m봉을 지나 선본재로 가는 도중 팔공산컨트리클럽을 만났는데 풍경이 장관이었다. 인봉에서 관봉을 바라보니 선본사와 약사암이 보였다.

신령재에서 바라본 팔공산 능선

팔공산컨트리클럽

약사암

약사암을 구경하고 관봉의 팔공산 갓바위로 이동했다. 많은 사람들이 관봉석조여래좌상에 저마다의 소원을 빌면서 기도를 올리고 있었다. 이곳은 기도발이 잘 받기로 유명해 우리도 일행들의 무사고 산행을 기원하며 삼배를 올렸다.

팔공산 갓바위

가파른 계단 길을 내려와 관암사를 둘러보고 갓바위 주차장에 도착해 산행을 마감했다.

　　택시로 팔공산 케이블카 승강장 주차장에 도착한 다음 승용차를 타고 동화사로 이동했다.

　　팔공총림 동화사는 1,500년의 역사를 지닌 고찰로 세계최대 석불인 약사여래대불을 비롯하여 마애불 좌상(보물 제243호), 비로암 석조비로자나불좌상(보물 제244호), 비로암 삼층석탑(보물 제247호), 금당암

동화사 약사여래대불

제2 석굴암

삼층석탑(보물 제248호), 당간지주(보물 제254호), 대웅전(보물 제1563호) 등 보물 15점과 많은 문화재가 있다.

　동화사 경내를 둘러보고 군위군 부계면 남산리의 제2 석굴암 삼존석굴을 구경한 다음 밤 11시 대전에 도착했다.

17

비슬산(琵瑟山)

우리나라 최대의 진달래군락지

비슬산

높 이 : 1,084m

위 치 : 대구광역시

　　　 달성군 유가읍

대구광역시 달성군과 경상북도 청도군의 경계에 있는 비슬산은 산 정상의 바위 모양이 신선이 앉아 비파나 거문고를 타는 형상과 같다고 해서 비파 비(琵), 거문고 슬(瑟) 자를 따서 비슬산이라 명명했다. 정상인 천왕봉(1083.6m)은 대견봉으로 불렸으나 2014년 10월 국가지명위원회에서 천왕봉으로 변경되었다.

조화봉 북릉 서쪽 사면 일원에 형성된 우리나라 최대의 진달래군락지는 4월 중순에서 5월 초순에 온 산을 붉은 꽃밭으로 물들이고 조화봉 (1,058m)과 대견봉(1,034m)으로 이어지는 절벽과 기암의 산세가 아름다워 1986년 2월 군립공원으로 지정되었다.

산기슭에는 유가사, 소재사, 대견사, 용연사, 용천사 등의 사찰과 대견사 삼층석탑과 용연사의 석조계단(보물 제539호)의 문화재가 있고 곳곳에 도통바위, 톱바위, 전망바위, 코끼리바위, 형제바위, 기바위 등이 있다.

산행 코스는 유가사~도성암~천왕봉~진달래군락지~조화봉~대견봉~유가사 코스, 유가사~도성암~천왕봉~대견봉 능선~헐티재 코스, 소재사~조화봉~대견사~진달래군락지~천왕봉 코스 등이 있다. 소재사에서 비슬산 자연휴양림의 조화봉 아래 대견사 입구까지는 셔틀버스가 운행되고 있다.

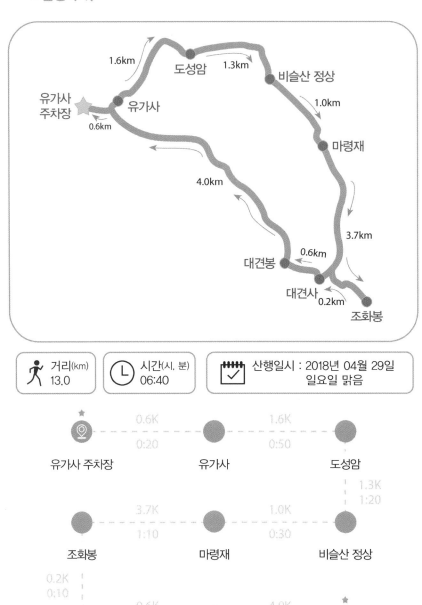

⫪ 거리(km) 13.0	⏱ 시간(시, 분) 06:40	📋 산행일시 : 2018년 04월 29일 일요일 맑음

유가사 주차장 — 0.6K / 0:20 — 유가사 — 1.6K / 0:50 — 도성암

도성암 — 1.3K / 1:20 — 비슬산 정상

조화봉 — 3.7K / 1:10 — 마령재 — 1.0K / 0:30 — 비슬산 정상

조화봉 — 0.2K / 0:10 — 대견사 — 0.6K / 0:20 — 대견봉 — 4.0K / 2:00 — 유가사 주차장

산행기

4월 중순경 비슬산에 진달래가 만개할 무렵이면 유가사 앞 주차장 부근에서 인근 주민들이 두릅을 판다. 이번엔 봄의 향기를 맛보기 위해 갓 채취한 싱싱한 두릅을 사서 배낭에 넣었다.

돌탑이 많은 유가사에 도착해 대웅전, 용화전, 산령각, 나한전 등 경내를 둘러보고 수도암을 지나 산길을 걸어 올라갔다.

유가사

조용한 산사 도성암을 둘러보고 참배한 다음 능선을 따라 도통바위를 지나 천왕봉에 도착했다. 정상에는 많은 등산객들이 정상인증 사진을 찍으려고 길게 줄을 서고 있었다. 천왕봉 앞 전망바위에서 유가사 방향의 조망을 감상하고 우리도 줄을 서서 정상인증 사진을 찍었다.

천왕봉에서 바라본 유가사

천왕봉 진달래군락지

　4월 28일(토)부터 4월 29(일)까지 제22회 비슬산 참꽃 축제 기간이라 천왕봉 주위에 진달래가 만개했다. 마령재를 지나 월광봉 아래 진달래군락지에 도착하니 만개한 붉은 진달래꽃으로 온통 산이 불바다 같았다. 넓은 진달래꽃밭에 조성된 데크를 걸어 군락지 곳곳을 누비며 아름다운 진달래밭 풍광을 만끽했다.

　톱바위를 구경하고 조화봉의 강우레이더관측소에 올라 천왕봉과 월광봉 일대의 붉게 물든 진달래 향연을 감상했다. 비슬산 해맞이 제단이 있는 조화봉 정상에서 관기봉으로 이어지는 장쾌한 능선과 비슬산 자연휴양림 경치를 구경하고 대견사로 이동했다.

조화봉

조화봉에서 바라본 천왕봉

대견사는 신라 시대 고찰로 대견사 터만 남았었는데 2014년 3월 적멸보궁, 요사채, 산신각, 목조와가 등 건물 4동이 다시 복원되었다. 사찰 경내와 동굴대좌, 삼층석탑 등을 둘러보았다.

능선을 따라 형제바위, 코끼리바위, 기바위 등을 지나 전망대가 있는 대견봉에 올랐다. 대견봉에서 조화봉을 바라본 조망이 일품이었다.

만개한 진달래군락지를 구경하며 내려와 합수점에서 수성골로 하산해 유가사에 도착했다.

대견사

대견사 삼층석탑

대견봉

　귀갓길에 현풍의 '원조 현풍 박소선 할매 곰탕'에서 양곰탕으로 저
녁식사를 했다. 현풍은 구수하고 깔끔한 맛의 할매 곰탕으로 유명한데
이 지역을 지날 때면 꼭 한번 먹어볼 만한 별미이다. 성주 참외가 유명
하다기에 성주읍에 들러 10㎏ 한 상자를 산 다음 귀가했다.

18

백운산(白雲山)

고로쇠나무가 많은 호남정맥의 최고봉

백운산

높 이 : 1,222m

위 치 : 전남 광양시 옥룡면

전라남도 광양시 옥룡면, 진상면, 다압면에 걸쳐있는 백운산은 전라남도에서 지리산 노고단 다음으로 높은 호남정맥 최고봉으로 섬진강을 사이에 두고 지리산과 마주 보고 있다.

서쪽으로 도솔봉, 형제봉, 동쪽으로 매봉, 남쪽으로 억불봉, 노랭이봉으로 장쾌하게 능선이 뻗어있고 동곡계곡, 성불계곡, 어치계곡, 금천계곡 등의 백운산 4대 계곡을 품고 있다.

길이가 10km에 이르는 동곡계곡에는 학사대, 용소, 장수바위, 선유대, 병암폭포, 약수제단, 오수대 등의 관광명소가 있고, 산 전 지역에 고로쇠나무가 많아 매년 경칩 무렵(2월 말~3월 초)이면 고로쇠 수액을 채취하고 있다.

등산 코스는 선동마을~백운사~상백운암~백운산~신선대~진틀마을 코스, 동동마을~노랭이재~억불봉~백운산~신선대~진틀마을 코스, 진틀마을~병암계곡~백운산~신선대~병암폭포~진틀마을 코스 등이 있다.

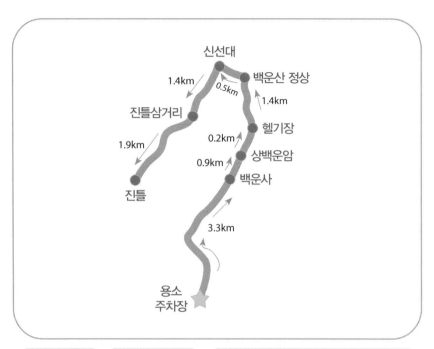

| 거리(km)
9.6 | 시간(시. 분)
06:40 | 산행일시 : 2019년 03월 02일
토요일 맑음 |

산행기

아침 7시 벌교역 앞에 있는 매일시장에 갔다. 갑오징어, 꼬막, 낙지, 대구, 동태 등 싱싱한 해산물과 쑥, 냉이, 골파, 시금치, 미나리 등 봄나물들이 가득했다. 싱싱한 갑오징어와 새꼬막을 사서 매일시장 내 '장터 국밥 · 장터 초장' 식당에 즉석요리를 부탁해 동태탕과 더불어 푸짐하게 아침식사를 했다.

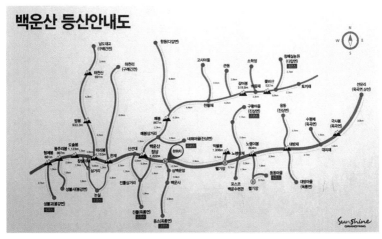

등산안내도

광양시 옥룡면의 용소 주차장에 주차하고 용문동골의 포장도로를 따라 백운사에 도착했다. 대웅전, 연화당, 산신각 등 경내를 둘러보고 상백운암으로 향했다.

삼월 초순이라 아직 산속 풍경은 겨울이었다. 참나무는 앙상한 가지들만 남아있고 겨울 산 풍경은 자신의 속살을 훤히 드러내고 있는 것 같았다. 숲길을 따라 중백운암터에서 돌탑을 구경하고 상백운암에 도착했다.

백운사

상백운암

　암벽 아래 자리 잡은 조촐하고 소박한 암자 모습이 스님이 수행하시
는 수행 터임을 짐작하게 했다. 스님이 수행하시는 중인지 뜰에 흰 고무
신 한 켤레만 있을 뿐 전혀 인기척이 없었다.

신선대

조용히 상백운암을 지나 능선 위의 헬기장에 도착했다. 능선을 따라 진틀마을 삼거리로 이동하는데 능선 위에 진달래 나무들이 많아 3 ~ 4월경 진달래가 만개할 때면 등산로가 무척 아름다울 것 같았다. 백운산 정상인 동봉에 도착해 인증사진을 찍고 사방을 둘러보았다.

억불봉 방향으로 능선이 장쾌하게 뻗어있었고 신선대 방향으로는 암릉의 연속이었다. 저 멀리 섬진강 너머로 지리산 연봉들도 보였다.

신선대전망대

암릉을 오르내리며 신선대에 도착했다. 신선대 정상에서 표지목을 배경으로 기념사진을 찍고 전망대로 내려와 병암폭포를 구경하고 진틀 삼거리로 내려왔다.

병암계곡을 따라 병암산장에 도착하니 계곡에 있는 고로쇠나무마다 고로쇠 수액 채취 호스들이 꽂혀 있었다. 이들로부터 고로쇠 수액을 탱크로 모으기 위해 채취 호스들이 계곡에 거미줄처럼 펼쳐져 있었다. 옛날에는 고로쇠나무에 비닐봉지를 달아 채취해 가끔 지나가다 맛도 볼 수 있

고로쇠 수액 채취

는 재미도 있었는데 요즘은 고무호스로 밀봉되어 채취되고 있어 더 이상 옛날 낭만은 경험할 수 없게 되어 아쉬웠다. 병암산장에는 고로쇠 수액을 판매한다는 간판이 붙어 있었는데 그냥 사서 먹으란다. 하하…

진틀펜션 캠핑장을 지나 묵방교를 건너 동곡리 공영주차장에 도착해 산행을 마감했다.

19

조 계 산(曹 溪 山)

승보사찰 송광사와 선암사를 품은 순천의 진산

선암사 누운 소나무

높이 : 884m

위치 : 전남 순천시 송광면

전라남도 순천시 송광면과 주암면에 걸쳐있는 조계산은 호남정맥의 끝부분에 솟아있는 전형적인 흙산으로 피아골, 홍골, 장박골, 냉골, 선암사 골 등의 깊은 계곡과 송광사, 선암사 두 개의 유명한 사찰을 품고 있어 1979년 12월 도립공원으로 지정되었다.

장박골을 중심으로 정상인 장군봉과 깃대봉, 연산봉과 천자암봉능선이 마주하고 있으며 장군봉~깃대봉 능선 서쪽에는 송광사, 동쪽에는 선암사가 자리하고 있다.

송광사는 양산 통도사(불보사찰), 합천 해인사(법보사찰)와 더불어 우리나라 삼보사찰의 하나인 승보사찰로 송광사를 중창한 보조국사 지눌과 진각국사, 청진국사, 진명국사, 원오국사, 원감국사, 자정국사, 자각국사, 담당국사, 혜감국사, 묘엄국사, 혜각국사, 각진국사, 복암국사, 홍진국사, 고봉국사 등 16명의 국사를 배출한 대찰이다.

송광사에는 목조삼존불감(국보 제42호), 혜심고신제서(국보 제43호), 국사전(국보 제56호), 화엄경변상도(국보 제314호) 등의 국보 4점과 경질, 경패, 금동요령, 16 국사 진영, 송광사 티베트문법지, 약사전, 영산전 등 보물 12점 및 문화재가 많이 있다.

송광사 불일암은 고려 시대 자정국사가 창건한 자정암이었으나 1975년 무소유의 삶을 실천한 법정스님이 불일암으로 개명하고 수행하셨던 산내 암자로 더 유명하다.

송광사 비림

송광사 불일암

　주위에는 낙안읍성 민속 마을, 순천만 습지, 순천만 국가정원, 검단 산성, 순천 왜성, 기독교 역사박물관 등 관광명소가 많이 있다.

　등산 코스는 선암사~대각암~장군봉~선암사굴목재~선암사골~선 암사 코스, 송광사~피아골~연산봉삼거리~장군봉~선암사굴목재~송 광굴목재~홍골~송광사 코스, 송광사~홍골~송광굴목재~선암사굴목 재~선암사골~선암사 코스 등이 있다.

★ 산행 후기

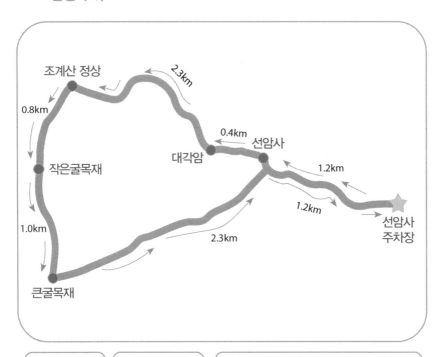

조계산 정상
2.3km
0.8km
선암사
0.4km
대각암
작은굴목재
1.2km
1.0km
1.2km
선암사
주차장
2.3km
큰굴목재

거리(km)	시간(시, 분)	산행일시 : 2018년 11월 17일
9.2	05:30	토요일 맑음

선암사 주차장 — 1.2K / 0:40 — 선암사 — 0.4K / 0:20 — 대각암

큰굴목재 — 1.0K / 0:30 — 작은굴목재 — 0.8K / 0:30 — 조계산 정상 (2.3K / 1:50)

선암사 (2.3K / 1:00) — 1.2K / 0:40 — 선암사 주차장

산행기

선암사 주차장에 주차하고 동네 할머니들이 손님들과 과일과 채소를 흥정하는 정겨운 모습을 구경하며 매표소로 향했다. 선암사 안내도를 살펴보고 부도탑을 지나 승선교로 이동했다.

선암사 승선교(보물 제400호)는 유네스코 문화유산으로 지정된 높이 7m, 길이 14m, 넓이 3.5m의 무지개다리다. 조선 시대에 만들어진 화강암의 아치형 석교로 아랫부분부터 곡선을 그려 전체의 모양이 완전한 반원형을 이루고 있는데 물에 비친 모습과 어우러져 완벽한 하나의 원을 이룬다고 한다. 이처럼 흐르는 계곡물에 비치는 다리의 모습까지 고려해 아치형 승선교를 만든 조선 시대 장인의 뛰어난 건축술이 경이롭기까지 했다.

선암사 승선교

제행무상, 제법무아, 열반적정의 삼법인을 의미하는 삼인당을 구경하고 태고총림 조계산 선암사란 현판이 붙어있는 범종루를 지나 선암사 경내로 들어섰다.

대웅전(보물 제1311호)에 들러 참배하고 삼층석탑(보물 제395호), 지장전, 무량수전, 삼성각, 팔상전, 조사전, 산신각, 응진당, 미타전, 측간 등 경내를 둘러보았다.

무량수전 앞의 수령 500년 된 선암사 누운 소나무 와송과 전국 4대 매화(장수 백양사 고불매, 순천 선암사 선암매, 구례 화엄사 백매, 강릉 오죽헌 율곡매)로 선정된 선암사 선암매(천연기념물 제488호)도 둘러보았다. 재래식 화장실인 뒷간도 옛날 고찰의 향수를 느끼게 해주었다.

선암사 선암매

선암사에서는 불교의식인 영산재가 시연되고 있었다. 영산재(중요무형문화재 제50호)는 죽은 사람의 영혼을 천도하는 종교의식으로 2009년에 유네스코 세계무형유산으로 지정되었다.

선암사 영산재

선암사 곳곳을 둘러보고 대각암과 향로암터를 지나 정상인 장군봉에 도착했다. 장군봉 바위에 기대 정상인증 사진을 찍고 깃대봉 방향으로 하산했다.

배바위에 도착해 선암사 쪽을 내려다보니 상사호와 주암호 앞으로 아름다운 선암사가 보였다.

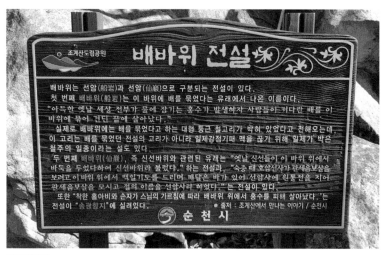

배바위 전설

배바위에서 바라본 선암사

작은굴목재를 지나 선암사굴목재에서 선암사골로 하산해 선암사 주차장에 도착했다.

선암사의 부속암자 천자암에는 수령 800년, 높이 12.0m, 둘레 3.30m 정도 되는 곱향나무 쌍향수가 있었다. 서로 꼬인 채로 나무 두 그루가 쌍으로 나란히 서 있는 모습이 매우 신기했다.

귀갓길에 벌교의 국일식당에서 꼬막 정식으로 저녁식사를 했는데 맛이 일품이었다. 꼬막요리로 유명한 벌교에는 외서댁, 태백산맥, 정가네, 원조수라상, 거시기, 장도웰빙꼬막정식 등 꼬막요리 전문점이 많았다. 꼬막 요리방법도 꼬막무침, 꼬막전, 꼬막찜, 꼬막탕수육, 통꼬막 등으로 다양했다.

꼬막 종류에는 참꼬막과 새꼬막이 있는데 참꼬막은 갯벌에서 직접 채취한 자연산이고 새꼬막은 갯벌에 종패를 뿌려 기른 양식 꼬막이다. 맛과 영양에 특별한 차이가 있는지는 알 수 없었지만 가격은 참꼬막이 새꼬막보다 세 배 이상 비쌌다.

천자암 쌍향수

20

동악산(動樂山)

섬진강 기차 마을로 유명한 곡성의 진산

전망대에서 바라본 지리산

높이 : 735m

위치 : 전남 곡성군 곡성읍

전라남도 곡성군 곡성읍에 위치한 동악산은 곡성의 진산으로 원효대사가 도림사를 세울 때 하늘의 풍악에 산이 춤을 췄다고 하여 동악산이라 불렀다고 한다. 섬진강을 사이에 두고 남원 고리봉과 마주 보고 있으며 남쪽으로 형제봉, 대장봉, 동봉이 있고 북쪽으로 마산봉, 촛대봉, 삼인봉 능선이 섬진강으로 이어진다.

정상의 전망대에서 바라보면 지리산 주 능선이 한눈에 들어오고 청류동계곡, 삼인동계곡, 사수계곡과 천년고찰 도림사 주변의 계곡 암반이 매우 아름답다. 동악산 주변에는 섬진강 기차 마을과 압록상상스쿨 등 유명한 관광지도 있다.

등산 코스는 도림사~청류동계곡~동악산~배넘어재~형제봉~동봉~도림사 코스, 청계동~삼인봉~촛대봉~동악산~암릉~청계교 코스, 교촌리~번개바위~신선바위~동악산 코스 등이 있다.

등산안내도

거리(km)	시간(시, 분)	산행일시 : 2018년 12월 16일
10.4	06:20	일요일 맑음

산행기

11시 국제관광호텔주차장에 도착해 도림사 일주문을 지나 도림사 계곡의 4곡 단심대를 구경했다. 도림사에 도착해 보광전, 응진당, 지장전, 약사전, 칠성각 등 경내를 찬찬히 둘러보았다.

6경 대은병을 감상하고 등산안내도를 숙지한 다음 7곡 모원대, 9곡 소도원을 구경하며 청류동 계곡의 배넘어재 갈림길에 도착했다. 간밤에 내린 눈으로 참나무와 산죽나무에 하얗게 흰 눈이 쌓여 멋진 설경을 연출했다. 능선 갈림길을 지나 가파른 계단 길을 올라 전망대에 도착했다.

도림사

청류동계곡

능선 갈림길

전망대에서 바라보니 하늘을 가를 듯 길게 뻗은 지리산 주 능선이
운해와 어우러져 환상적인 풍경을 자아냈다. 형제봉과 곡성읍 방향의
풍경도 너무 아름다웠다.

정상에 도착해 인증사진을 찍고 운해가 둘러싸고 있는 산 능선의 절
경을 즐겼다. 마치 구름 위를 둥실둥실 떠다니며 신선 놀이를 하는 기분
이었다. 가파른 계단을 내려와 삼거리를 지나자 전망이 탁 트인 장소가

전망대에서 바라본 형제봉

나타났다. 이곳에서 도림사 방향을 내려다보며 하얀 운해 위에 서 있는 기분이 너무나 황홀했다. 운해 위로 지리산 봉우리들이 올록볼록 솟아 나 있는 풍광도 환상적이었다.

오후 5시가 넘어 배넘어재에서 청류동 계곡으로 하산해 주변이 컴 컴할 무렵에 도림사 주차장에 도착해 산행을 마쳤다.

전망대에서의 조망

조망처에서 바라본 정상

능선 위의 조망처

21

천관산(天冠山)

역새 능선에서 남해 조망이 빼어난 장흥의 바위전시장

천관산 정상 억새

높 이 : 723m

위 치 : 전남 장흥군 관산읍

전라남도 장흥군 관산읍과 대덕읍에 걸쳐있는 천관산은 지리산, 월출산, 내장산, 내변산과 함께 '호남의 5대 명산' 중의 하나이다.

다양한 모양으로 솟아있는 수십 개의 봉우리가 마치 주옥으로 장식된 천자의 면류관과 같다고 하여 천관산이라 이름 붙였고 신라 김유신과 사랑한 천관녀가 숨어 살았다는 전설도 있다.

산 곳곳에 구룡봉, 진죽봉, 석선봉, 지장봉, 대장봉, 구정봉, 종봉, 선인봉, 불영봉, 아육왕탑 등 기암괴석들이 즐비한 바위전시장 같고 산을 오르면 남해안 다도해가 한 폭의 동양화처럼 펼쳐지며 봄에는 싱그러운 푸른 잎과 진달래 및 붉은 동백숲, 가을에는 연대봉 능선의 억새가 아름다워 1998년 10월에 도립공원으로, 2021년 3월에 명승 제119호로 지정되었다.

산기슭에는 천관사, 탑산사, 장안사 등의 사찰과 효자송(천연기념물 제356호)이 있으며 주변에는 강진 백련사, 다산초당, 장흥 우드랜드, 억불산, 보림사, 대한 다원, 율포 해수녹차탕, 봄철 철쭉으로 유명한 제암산, 사자산, 일림산 등 관광지가 많다.

등산 코스는 장천재~양근암~천관산~환희대~구정봉~선인봉~장천재 코스, 천관사~구정봉~환희대~천관산~불영봉~탑산사~구룡봉~환희대~진죽봉~천관산 자연휴양림~천관사 코스, 탑산사~구룡봉~환희대~천관산~책바위~불영봉~탑산사 코스 등이 있다.

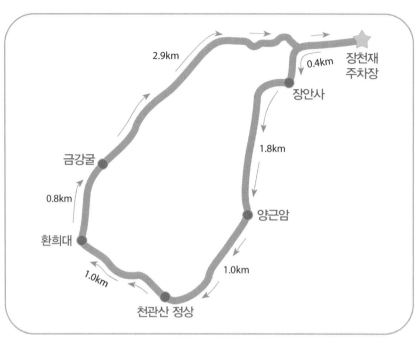

🏃 거리(km)	🕐 시간(시. 분)	📅 산행일시 : 2018년 11월 18일
7.9	04:40	일요일 맑음

산행기

아침 9시 천관산 장천재 주차장에 도착해 등산안내도를 살펴보고 단풍이 곱게 물든 가로수길을 걸어 장안사에 도착했다. 산신각에 들러 무사고 산행을 기원하는 삼배를 올리고 경내를 둘러본 다음 약수를 한 바가지 마시고 능선길에 올랐다.

등잔바위에서 관산읍과 남해안의 경치를 바라보니 푸른 바다에 오밀조밀한 섬들이 무척 아름다웠다. 금수굴 능선과 정상에서 구정봉으로 이어지는 능선 위의 바위들 풍광도 장관이었다.

연대봉 오름길에서 바라본 관산읍

정원암

　남성의 성기를 닮은 양근암에 도착해 설명판을 읽어보니 양근암이 오른쪽 건너편 능선의 여성을 연상케 하는 금수굴과 마주 보고 서 있었다. 음양의 조화인지… 인간의 생각인지… 높이가 5m 정도 되는 양근암은 우람했다.

　사모봉 동쪽 삼십 보 거리에 위치한 정원석 같다는 정원암을 지나 남해안 다도해의 조망을 감상하며 완만한 능선을 이동해 천관산 정상 연대봉에 도착했다.

천관산 연대봉에는 왜적의 침입을 알리기 위해 봉홧불을 올렸던 봉수대가 있었다. 봉수대에 올라 사방을 둘러보니 동쪽으로 소록도 너머로 팔영산이 보였고, 남쪽으로 책바위로 뻗은 능선 앞으로 남해의 다도해, 완도, 고금도, 신지도, 조약도 풍경이 아름답게 보였다. 서쪽으로는 두륜산과 월출산이 보였고 환희대 방향으로 억새 능선이 펼쳐져 있었다.

정상석을 배경으로 인증사진을 찍고 근처 소나무 아래에서 간단히 점심식사를 했다.

억새 능선을 이동하며 남해의 조망을 감상하고 탑산사 방향의 불영봉, 닭봉의 경치를 구경했다. 풍광이 좋은 장소에서 억새군락지를 배경으로 기념사진을 찍고 환희대에 도착해 연대봉 방향의 능선 풍경을 바라보니 경치가 장관이었다.

연대봉에서 바라본 남해

억새군락지

환희대에서 바라본 연대봉 능선

책바위가 네모나게 깎여 서로 겹쳐 만 권의 책이 쌓인 것 같다고 하여 대장봉(大臟峯)이라 불리는데 이 대장봉 정상에 있는 평평한 석대를 환희대라고 한다. 천관산에 오는 사람들은 누구나 이 환희대에서 성취감과 큰 기쁨을 맛보게 된다고 한다.

환희대에서 억새 숲을 지나 구룡봉으로 내려가 아육왕탑을 구경했다. 구룡봉 정상에서 진죽봉 능선을 바라보니 진죽봉과 석선봉, 지장봉이 능선을 따라 일렬로 늘어선 풍경이 장관이었다.

구룡봉

아육왕탑

진죽봉

석선봉

지장봉

환희대로 되돌아와 당번봉, 비로봉 등 9개의 봉우리의 정기가 모두
모여 있다는 구정봉을 감상했다. 능선을 따라 이동하며 가파른 비탈길
을 따라 보현봉, 천주봉, 석선, 종봉, 금강굴, 선인봉, 조망바위를 구경하
며 하산해 장흥의 위백규가 후학들을 가르쳤다는 장천재에 도착했다.

　　단풍이 곱게 물든 단풍나무 숲길을 지나 효자송에 도착했다. 효자송
은 수령이 300년 정도 된 거대한 해송으로 천연기념물 제356호로 지정
되어 있었다.

구정봉

선인봉

효자송

사상의학 체험랜드를 둘러보고 장천재 주차장에 도착해 산행을 마감했다.

귀갓길에 장흥읍의 정남진 토요시장 내 장흥한우프라자에서 소고기 삼합으로 저녁식사를 했다.

장흥읍은 장흥삼합인 소고기 삼합으로 유명한데 한우 소고기, 키조개 완자와 표고버섯을 함께 구워 먹는 것으로 맛이 아주 별미다. 정남진 토요시장 내에는 소고기 삼합 식당들이 많이 있다.

정남진 편백숲 우드랜드와 편백 소금집, 억불산 데크 등산로, 며느리바위, 장흥 귀족 호두도 유명하고 장흥의 신록원관, 강진의 해태식당, 청자골종가집도 한정식으로 유명한 식당이다.

22

두륜산(頭輪山)

한국 차의 성지인 대흥사 품은 해남의 명산

대흥사

높 이 : 703m

위 치 : 전남 해남군 북일면

한반도의 최남단 전라남도 해남군 북평면과 삼산면, 북일면, 현산면에 걸쳐있는 두륜산은 주봉인 가련봉을 비롯하여 고계봉, 노승봉, 두륜봉, 도솔봉, 연화봉, 혈망봉, 향로봉의 8개 봉우리로 능선을 이루고 있다.

장춘리에서 대흥사에 이르는 도로상에는 삼나무와 동백숲이 우거져 장관을 이루고 고계봉 정상까지 두륜산 케이블카가 운영되고 있으며 천년고찰 대흥사와 대흥사 일원에 천연기념물인 왕벚나무자생지(천연기념물 제173호)가 있다. 1979년 12월 도립공원, 2009년 12월 명승 제66호로 지정되었다.

두륜산 케이블카를 이용해 상부역사에 도착한 후 286계단을 걸어 올라 전망대에 도착하면 북쪽으로 주작산과 덕룡산, 고마도, 완도, 신지도, 청산도, 가련봉, 한라산, 진도 등이 보인다.

대흥사는 신라 시대 아도 화상이 창건한 사찰로 13 대종사, 13 대강사를 배출한 한국불교의 본산지로 유네스코에 세계문화유산으로 등재된 한국의 산지 승원이다. 유네스코에 등재된 한국의 산사는 통도사, 부석사, 봉정사, 법주사, 마곡사, 선암사, 대흥사 7개 사찰이다.

대흥사에는 북미륵암 마애여래좌상(국보 제308호), 탑산사 동종(보물 제88호), 응진전 삼층석탑(보물 제320호), 북미륵암 삼층석탑(보물 제301호), 천불전(보물 제1807호), 서산대사 유물(보물 제1357호), 서산대사 부도(보물 제1347호), 금동관음보살좌상(보물 제1547호), 영산회괘불탱(보물 제1552호) 등 많은 문화재가 있다.

| 🏃 거리(km) 6.5 | 🕐 시간(시, 분) 05:50 | ✅ 산행일시 : 2019년 03월 23일 토요일 맑음 |

등산 코스는 대흥사~북미륵암~오심재~가련봉~두륜봉~진불암~대흥사 코스, 두륜산 케이블카~고계봉~오심재~가련봉~두륜봉~대흥사 코스, 대흥사~북미륵암~오심재~가련봉~두륜봉~띠밭재~연화봉~혈망봉~오도재~유선여관 코스 등이 있다.

산행기

아침 6시 대전을 출발해 나주의 나주곰탕 '하얀집'에서 아침식사를 하고 10시 대흥사 주차장에 도착했다.

일주문을 지나 편백 나무가 빽빽한 숲길을 걸으며 13 대종사를 모신 부도림를 구경하고 유선여관에 도착해 여관 경내를 둘러보았다. 유선여관은 90년 이상 된 우리나라에서 가장 오래된 한옥여관으로 고풍스럽고 정감이 있어 머무르면서 옛 음식을 맛보는 즐거움도 좋을 듯했다.

해탈문을 지나 넓은 마당에서 대흥사를 포근하게 감싸고 있는 두륜산의 모습을 바라보니 산의 형상에서 부처님의 발, 얼굴과 함께 비로자나불의 수인을 찾아볼 수 있었다. 옆에 세워져 있는 서산대사의 해탈시가 마음에 딱 와 닿았다.

두륜산 대흥사

서산대사 해탈시

　범종각을 지나 다리를 건너 대웅보전, 웅진전, 산신각, 삼층석탑, 명부전을 관람하고 천불전 아래 연리근으로 이동했다.

　대흥사 연리근은 800년 된 두 그루의 느티나무 뿌리가 하트 모양으로 이어져 한 몸이 된 것으로 '사랑의 나무'라고도 불렸다. 연리근이란 두 나무의 뿌리가 서로 이어진 것을 말하고 연리지란 가지가 서로 붙은 것을 말하며 연리목이란 줄기가 서로 겹친 것을 말한다.

연리근

천불전, 보현전, 무영지, 성보박물관을 둘러보고 초의 선사 동상 앞
에 도착했다.

초의 선사는 대흥사의 13대 대종사로 '한국의 다성'이라 불리며 한
국의 차(茶) 문화를 중흥시킨 사람이다. 대흥사의 대웅전에서 정상 쪽

으로 700m가량 떨어진 곳에 일지암이 있는데 초의 선사가 '동다송'과 '다신전'을 저술한 곳으로 '한국 차의 성지'라고 한다.

임진왜란 때 승병을 일으켜 왜적을 격퇴한 서산대사의 영정을 모신 표충사를 둘러보고 관음전, 동국선원을 지나 등산로를 따라 북미륵암으로 올라갔다.

'눈을 조심하여 남의 잘못을 보지 말고, 맑고 아름다운 것만을 보라. 입을 조심하여 쓸데없는 말을 하지 말고, 착한 말, 바른 말, 부드러운 말, 고운 말만 하라.'라는 숫타니파타가 마음을 찡하게 울렸다.

북미륵암 마애여래좌상

북미륵암에 도착해 용화전과 삼층석탑(보물 제301호)을 둘러보았다. 용화전에는 마애여래좌상(국보 제308호)이 모셔져 있었는데 불상의 모습이 매우 인자하고 포근해 보였다.

오심재에 도착해 주작산과 강진만, 고계봉의 풍광을 감상하고 노승봉을 향해 올라가다 조망처에서 고계봉과 대흥사 방향의 멋진 풍광도 구경했다.

쇠사슬과 쇠 발판이 놓인 바윗길을 기어올라 노승봉에 도착했다. 능허대라는 넓은 반석으로 되어있는 노승봉에서 사방을 바라보는 조망이 일품이었다.

오심재

노승봉

안부로 내려가 두륜산 정상인 가련봉으로 이동했다. 가련봉에서 사
방을 둘러보니 북쪽으로 월출산과 무등산, 동쪽으로 천관산, 팔영산, 남
쪽으로 달마산과 땅끝, 완도 보길도, 남해 다도해, 서쪽으로 진도 첨찰
산이 한눈에 들어왔다.

가련봉에서 바라본 남해

　　정상에서 인증사진을 찍고 암릉을 내려와 능선 갈림길을 지나 두륜
봉으로 올라갔다. 두륜봉으로 오르는 길은 무척 가파르고 긴 계단의 연
속이라 매우 힘들었다.

　　대흥 팔경 중 하나인 두륜봉 구름다리에 도착했다. 두륜봉 구름다리
는 자연석으로 이루어진 돌다리로 하얀 구름이 바위 틈새로 넘나든다
고 해서 백운대라고도 불렸다. 구름다리 가운데 큰 구멍 사이로 바라보
는 다도해의 풍광이 장관이었다. 구름다리 위에서 기념사진도 찍었다.

두륜봉

두륜봉 구름다리

형제가 함께 간 **한국의 100 명산 산행기(하)** - 경상도 · 전라도 지역 명산 두륜봉 정상에서 사방을 둘러보니 두륜산 8봉이 한눈에 보이고, 강진만, 진도, 완도 등 남해의 다도해가 한눈에 들어와 장관이었다.

진불암과 일지암을 구경하고 표충사를 지나 대흥사 주차장에 도착해 산행을 마감했다.

내일 달마산 산행을 위하여 땅끝마을로 이동한 다음 땅끝마을의 "땅끝 해물탕 횟집"에서 싱싱한 해산물로 맛있게 저녁식사를 하고 땅끝 비치모텔에서 여장을 풀었다.

땅끝해물탕횟집

23

축령산(祝靈山)

편백 나무로 조성된 '장성 치유의 숲'

솔내음 숲길

높이 : 621m

위 치 : 전남 장성군 서삼면

전라남도 장성군의 서삼면과 북일면에 위치한 축령산은 '장성 치유의 숲' 내에 있는 산이다.

'장성 치유의 숲'은 춘원 임종국 선생이 1955년 국유림에 삼나무와 편백 나무 5,000그루 심는 것을 시작으로 1976년까지 20년간 253만 주를 심어 조성한 숲이다.

이름을 풀이하면 '임종국'이란 '나무 씨를 뿌려 나라에 기여한다.'라는 뜻이라나? 나무를 사랑하고 숲을 사랑하여 죽는 날까지 나무를 심고 1987년 타계하여 축령산 느티나무 아래 부부가 수목장으로 잠들어 있다.

한 사람의 의지가 후대에 얼마만큼 영화를 누리게 하는지를 절감케 한다. '나는 과연 후대들을 위해 무엇을 할 것인가?'라는 화두를 스스로 던져 본다.

'장성 치유의 숲'에는 하늘 숲길, 건강 숲길, 산소 숲길, 숲내음 숲길, 물소리 숲길, 맨발 숲길, 중앙 임도 등이 잘 조성되어 있었고 모암 주차장, 추암 주차장, 문암마을, 모양마을, 금곡 영화마을, 대덕마을 등 진입로도 다양하며 곳곳에 안내판, 벤치, 우물, 화장실 등이 잘 설치되어 있다.

〈태백산맥〉, 〈내 마음의 풍금〉, 〈왕초〉 등을 촬영한 '금곡 영화마을'도 구경할 만하다.

🏃 거리(km) 12.5	🕐 시간(시, 분) 06:30	📋 산행일시 : 2018년 08월 04일 토요일 맑음

산행기

모암 주차장에 도착해 축령산 안내도를 읽어보고 계단을 올라 편백나무 가로수길로 접어들었다. 금연 표지판 아래 99세 이상만 흡연 가능하다는 재치 넘치는 글귀에 저절로 미소가 지어졌다. 만남의 광장에서 물소리숲길로 접어들어 물소리 쉼터에서 잠시 휴식을 취한 다음 숲내음숲길, 중앙 임도와 맨발숲길을 걸어 국립장성숲체원을 지나 축령산 정상에 도착했다.

등산안내도

만남의 광장

축령산 전망대에 올라 주변 조망을 감상하고 정상석을 배경으로 인증사진을 찍은 다음 건강숲길로 하산했다.

금곡 화장실을 지나 금곡 영화마을을 구경하고 하늘숲길을 따라 하늘숲길 전망대, 하늘바라기 쉼터를 지나 모양 삼거리에 도착했다. 중앙임도를 따라 우물터에 도착해 주변을 둘러보고 산소숲길을 걸어 임종국 선생 수목장에 도착했다.

임종국 조림공적비를 읽어보며 잠시 쉬면서 힐링의 시간을 가졌다.

숲내음숲길

숲내음숲길과 물소리 길로 내려와 모암 주차장에 도착해 일정을 마감했다.

온종일 편백 나무 숲길을 걸으며 몸과 마음을 치유한 즐겁고 보람찬 하루였다.

24

팔영산(八影山)

우주 발사대로 유명한 고흥의 여덟 봉우리

능가사에서 바라본 팔영산

높 이 : 609m

위 치 : 전남 고흥군 점암면

전라남도 고흥반도의 고흥읍에서 동쪽으로 25km 떨어진 점암면에 위치한 팔영산은 1봉 유영봉(491m), 2봉 성주봉(538m), 3봉 생황봉(564m), 4봉 사자봉(578m), 5봉 오로봉(579m), 6봉 두류봉(596m), 7봉 칠성봉(598m), 8봉 적취봉(608m)의 여덟 봉우리가 남쪽을 향해 일직선으로 솟아있다.

옛날 중국의 위왕이 세수를 하다가 대야에 비친 여덟 봉우리에 감탄하여 왕이 몸소 이 산을 찾아와 제를 올리고 팔영산이라 이름 지었다는 전설이 전해진다.

기암괴석이 많고 산세가 험하며 각 봉우리 정상에서 한려해상을 바라보는 풍광이 절경이다. 팔영산 입구 천년고찰 능가사 경내에 대웅전, 동종의 보물과 사적비, 목조사천왕상, 추계당, 사영당 부도 등의 문화재가 많이 있으며 2011년 1월 도립공원에서 국립공원으로 승격되었다.

산행 코스는 능가사를 출발해 산 정상부의 여덟 암봉을 1봉부터 8봉까지 오른 다음 깃대봉에서 탑재로 하산해 계곡을 타고 능가사로 내려오면 된다.

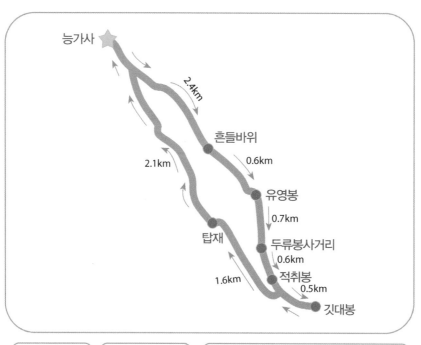

능가사 ★

2.4km

흔들바위

0.6km

유영봉

2.1km

0.7km

탑재

두류봉사거리

0.6km

적취봉

1.6km

0.5km

깃대봉

🏃 거리(km)
8.5

🕐 시간(시, 분)
05:40

📋 산행일시 : 2019년 03월 01일
금요일 맑음

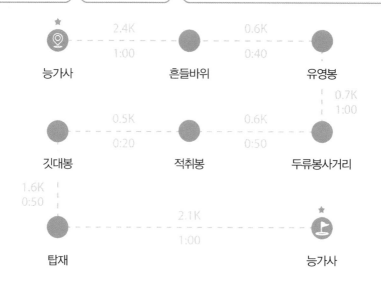

능가사   2.4K   흔들바위   0.6K   유영봉

1:00   0:40

0.7K
1:00

깃대봉   0.5K   적취봉   0.6K   두류봉사거리

0:20   0:50

1.6K
0:50

탑재   2.1K   능가사

1:00

산행기

능가사에 도착해 사천왕문을 지나 넓은 정원에서 주변을 바라보니 대웅전과 팔영산의 여덟 봉우리가 한데 어울린 풍광이 장관이었다. 대웅전(보물 제1307호)에 들러 참배하고 사적비, 응진당, 법성도를 둘러봤다. 기도하는 마음으로 법성도를 한 바퀴 돌고 연못가의 즉심시불(卽心是佛 : 마음이 곧 부처다) 비석을 감상한 다음 등산로를 따라 팔영산으로 올라갔다.

팔영 자동차야영장에 팔영산의 9개 봉우리들로 조성해 놓은 조형물이 인상적이었다. 흔들바위를 지나 제1봉인 유영봉에 올라 사방의 멋진 조망을 감상했다.

팔영산

흔들바위

유영봉

성주봉에 도착해 유영봉을 바라보니 정상에 위치한 넓은 암반에 등산객들이 옹기종기 모여 있었다. 능가사 방향과 여자만 쪽 남해의 풍경이 환상적이었고 남해바다로부터 불어오는 바닷바람에 속이 시원하고 가슴이 뻥~ 뚫리는 것 같았다.

연속적으로 암릉을 오르내리며 생황봉, 사자봉, 오로봉, 두류봉, 칠성봉을 지나 적취봉에 도착했다. 각 봉우리마다 정상에서 바라보는 남해안 다도해의 풍광이 주 능선과 어울려 너무 아름다웠다.

성주봉

생황봉

생황봉 지나서

사자봉

오로봉

오로봉 지나서

두류봉

칠성봉

　적취봉에서 내려와 깃대봉에 도착해 정상 인증사진을 찍고 지나온
팔영산의 여덟 봉우리를 돌아보니 환상적이었다.

　편백 나무 숲길을 지나 탑재에 도착한 다음 계곡을 따라 하산해 능
가사에 도착했다.

　고흥은 관광지로 우주 발사 전망대, 고흥 사자바위 휴양지, 남열대
해수욕장, 쑥섬(애도, 고양이 섬) 등이 있으며 유자 생산지로도 매우 유
명하다.

적취봉

깃대봉에서 바라본 팔영산

25

불갑산(佛甲山)

꽃무릇의 전당 용천사, 불갑사 품은 산

불갑산 상사화

높 이 : 516m

위 치 : 전남 영광군 불갑면

전라남도 영광군 불갑면과 함평군 해보면에 걸쳐있는 불갑산은 백제 시대 불교 도래지로 이름난 불갑사가 기슭에 자리 잡고 있어 불갑산이라고 불린다.

구수재를 중심으로 불갑산과 모악산으로 나뉘며 불갑사, 용천사 일원과 산 곳곳에 '화엽불상견 상사초(花葉不相見 相思草)'라고 하는 꽃무릇이 집단으로 자생하고 있다. 매년 9월이면 용천사와 불갑사 일원에서 상사화 축제가 열리는데 꽃무릇이 붉게 핀 화원이 환상적이다.

숲이 울창하고 산세가 아늑하며 참식나무와 상사초 같은 희귀식물들이 자생 군락을 이루고 있다. 가을에는 아름다운 단풍이 유명하며 2019년 1월 도립공원으로 지정되었다.

불갑산 기슭에는 불갑사, 용문사, 전일암과 해불암, 모악산 기슭에는 용천사, 수도암 등 많은 사찰과 암자가 있다. 불갑사 대웅전(보물 제830호), 천왕문, 용천사 석등의 많은 문화재가 있으며 불갑사 위에 수령 700년 된 참식나무 군락지(천연기념물 제112호)가 유명하다.

등산 코스는 불갑사~덫고개~법성봉~장군봉~연실봉~해불암골~동백골~불갑사 코스, 불갑사~동백골~해불암골~연실봉~구수재~용천봉~도솔봉~내원암골~불갑사 코스, 용천사나 구수동을 산행기점으로 하는 코스 등이 있다.

★ 산행 후기

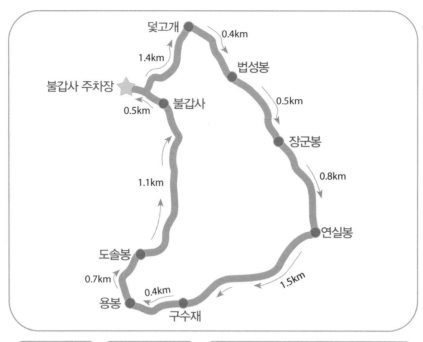

덪고개
0.4km
법성봉
1.4km
불갑사 주차장
0.5km
불갑사
0.5km
장군봉
0.8km
1.1km
연실봉
도솔봉
0.7km
0.4km
1.5km
용봉
구수재

거리(km) 7.3
시간(시, 분) 05:00
산행일시 : 2018년 12월 25일 화요일 맑음 성탄절

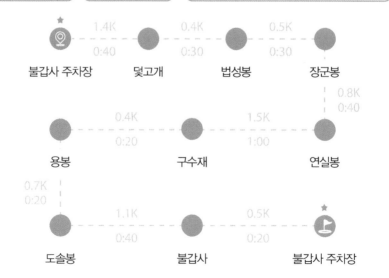

	1.4K		0.4K		0.5K	
불갑사 주차장	0:40	덪고개	0:30	법성봉	0:30	장군봉

0.8K
0:40

	0.4K		1.5K	
용봉	0:20	구수재	1:00	연실봉

0.7K
0:20

	1.1K		0.5K	
도솔봉	0:40	불갑사	0:20	불갑사 주차장

산행기

상사화란 잎이 있을 때는 꽃이 없고, 꽃이 있을 때는 잎이 없어서 잎은 꽃을 생각하고, 꽃은 잎을 생각한다고 하여 남녀 간의 애틋한 사랑을 의미하는 꽃으로 '화엽불상견 상사초(花葉不相見 相思草)'라고 한다.

겨울에서 봄까지 새파랗게 잎을 피우다가 여름에는 잎이 모두 말라 없어지고 8월 중에 상사화가 9월 중순경에 꽃무릇이 붉게 꽃을 피운다.

일반적으로 사찰이나 정원에 연한 분홍색의 상사화가 많이 있고 불갑사, 용천사, 선운사 등에는 꽃무릇이 많이 있는데 요즘에는 전국 어디서나 꽃무릇을 쉽게 볼 수 있다.

상사화

꽃무릇

9월 중순경에 불갑사 꽃무릇을 구경하러 갔다. 용천사에 도착해 온 산을 붉게 물들인 꽃무릇 풍경을 보니 환상적이었다. 사찰 경내를 둘러보며 호수 주위에 핀 꽃무릇을 감상했다.

불갑사에 도착해 일주문을 지나니 꽃무릇이 만개하여 온 천지가 양탄자를 깔아 놓은 듯 붉게 물들었다. 불갑사까지 걸어가며 꽃밭에 묻혀 마음껏 사진도 찍으며 꽃구경을 즐겼다.

용천사 꽃무릇

불갑사 꽃무릇

불갑산 상사화

불갑산 상사화는 종류도 다양했다. 진노랑상사화, 붉노랑상사화, 빨
강상사화, 분홍상사화, 제주상사화, 위도상사화, 꽃무릇, 백양꽃 등등.
불갑산에는 야생화 생태공원을 조성해 놓았다.

12월 25일 성탄절을 맞이하여 불갑산을 찾았다. 불갑사 일주문 앞
주차장에 주차하고 등산안내도를 숙지한 다음 관음봉을 지나 덫고개로
올랐다. 덫고개에서 불갑사 주차장까지 1.4km이다. 호랑이모형동굴에
서 주변을 둘러본 다음 능선을 따라 노적봉에 도착해 장군봉과 불갑사
방향의 경치를 감상했다.

불갑산 야생화 생태공원

등산안내도

호랑이 동굴

노적봉에서 바라본 불갑사

법성봉, 투구봉, 장군봉을 지나 불갑산 정상 연실봉에 도착했다.

불갑산은 '모든 산들의 어머니'가 되는 산이라는 의미에서 모악산이라고도 불렸다. 정상인 연실봉은 '모악산 전체가 한 송이 연꽃 모양을 하고 있는데 그 중앙에 연꽃 열매 형상으로 우뚝 솟아있는 봉우리'라는 의미에서 붙여진 이름이라고 한다. 연실봉에서 바라보는 동쪽으로 지리산의 일출 광경과 서쪽으로 서해바다의 낙조 광경이 백미라고 한다.

연실봉에서 정상 인증사진을 찍고 부처바위를 구경하고 구수재를 지나 용봉으로 올랐다. 용출봉을 지나 도솔봉에서 계곡을 따라 하산해 참식나무 군락지(천연기념물 제112호)를 구경하고 불갑사제 옆길로 내려왔다. 불갑사에 도착해 경내에서 대웅전(보물 제830호), 팔상전, 칠성각, 일광당, 명부전, 만세루, 범종루, 향로전 등을 둘러보고 사천왕문을

불갑사

통과해 일주문 방향으로 걸어 내려왔다.

겨울이라 불갑사 앞 넓은 들판이 온통 초록빛 꽃무릇으로 물든 모습이 매우 인상적이었다.

불갑사 상사화

탑원

간다라 사원양식의 대표적인 탁트히바히 사원의 주 탑원을 본떠 조성한 탑원(승려가 수행하던 작은 굴)을 둘러보고 일주문을 지나 주차장에 도착했다.

귀갓길에 함평의 화랑식당에서 육회비빔밥으로 맛있게 저녁식사를 했다.

불갑산 입구에는 '불갑산 모싯잎 송편'이 별미고, 함평에는 육회비빔밥으로 유명한 화랑식당, 대흥식당, 전주식당, 목포식당 등이 있다. 가까운 영광에는 문정한정식과 국일관의 한정식이 유명하고 법성포에는 '장보고 굴비' 등 굴비를 판매하는 가게와 007식당, 동원정, 일번지한정식, 골목식당 등 굴비 한정식 집들이 즐비하다.

26

달마산(達摩山)

내륙의 땅끝에 위치한 암릉미가 빼어난 산

달마산 미황사

높 이 : 489m

위 치 : 전남 해남군 송지면

우리나라 육지의 최남단인 전남 해남군 송지면과 북평면에 걸쳐 있는 달마산은 북쪽 관음봉에서 남쪽으로 달마봉, 떡봉을 거쳐 도솔봉에 이르기까지 6km 이상 되는 성벽 같은 긴 암릉으로 이루어져 있고 끝자락은 땅끝마을로 연결되어 있다. 또한 달마산 주위를 일주하면서 17.74km의 산길을 4코스로 나누어 '달마산 달마고도'를 조성해 놓았다.

정상인 달마봉과 도솔봉의 도솔암에서 바라보면 북쪽으로 두륜산, 동쪽으로 완도의 상왕봉, 남쪽으로 땅끝 관광지, 보길도와 다도해 경관이 아름답게 펼쳐진다.

산기슭에는 미황사, 도솔암 등의 고찰이 있고 미황사 경내에는 대웅전(보물 제947호), 응진당(보물 제1183호), 미황사 괘불탱(보물 제1342호), 부도전 등 많은 문화재가 있어 미황사 일원을 명승 제59호로 지정하였다.

주변에는 땅끝 관광지, 보길도, 완도, 청산도, 두륜산 대흥사 등 관광지가 많고 완도에서 강진까지 신지도, 고금도, 조약도의 3개의 섬과 신지대교, 장보고대교, 약산대교, 고금대교의 4개의 다리를 건너가는 환상적인 드라이브 코스도 있다.

등산 코스는 미황사~불썬봉~능선~임도사거리~송촌마을 코스, 미황사~불썬봉~문바위재~작은금샘~대밭삼거리~하숙골재~떡봉~도솔암~도솔봉~마봉리 약수터 코스, 송촌마을~임도사거리~능선~불썬봉~문바위재~작은금샘~대밭삼거리~하숙골재~떡봉~도솔암~도솔봉~마봉리 약수터 코스 등이 있다.

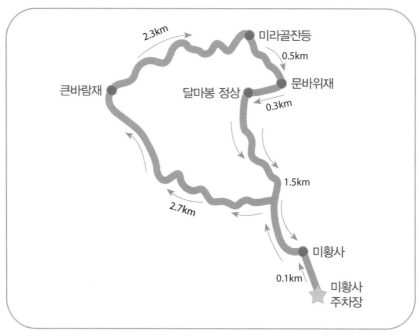

	거리(km)		시간(시. 분)		산행일시 : 2019년 03월 24일
	7.4		04:30		일요일 맑음

산행기

새벽에 일어나 맨섬으로 일출을 구경하러 갔다. 땅끝마을 맨섬 일출 명장면은 땅끝선착장 앞에 있는 두 개의 섬인 맨섬 사이로 해가 뜨는 광경인데 매년 2월 중순과 10월 중순에 약 4일간에 걸쳐 두 차례만 이러한 장엄하고 아름다운 일출 광경을 연출한다고 한다.

맨섬 일출

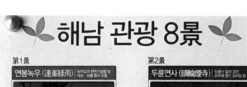

해남 관광 8景

第1景
연봉녹우 (蓮峰綠雨)

해남 윤씨 종택과 녹우당은 수백년 내려오는 고택의 품격과 고즈넉한 분위를 전해준다. 고택의 뒤편으로는 천연기념물 비자나무 숲이 푸르고, 고산 윤선도의 공재 윤두서 등이 남긴 수많은 문학작품, 미술품들이 보존되고 있는 곳.

第2景
두륜연사 (頭崙煙寺)

두륜산의 숲길은 넌더리가 터널을 이루는 곳으로 봄이면 춘백으로, 여름이면 울창한 수림이, 가을이면 고운단풍으로 사시사철 색다른 정취를 전해준다. 두륜산은 천년고찰 대흥사로 인해 더욱 유명하며 표충사와 일지암 등 명사들의 발자취가 가득한 곳.

第3景
고천후조 (庫千候鳥)

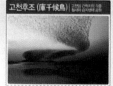

간척지의 기온이 따뜻하고 서로 조성된 호수가 철새들에게 새로운 서식처를 제공하고 있으며, 천연기념물인 흑새, 재두루미, 환경부 지정 보호조류인 가창오리 등 국내 최귀 철새들의 최대 도래지.

第4景
명량노도 (鳴梁怒濤)

울돌목은 좁은 해협으로 매우 빠른 급류를 이용해 이순신 장군은 13척의 배로 왜선 133척을 격파해 명량대첩을 승리로 이끌었다. 수직인 명쾌를 극복하기 위해 바닥에서 이어낸 이은 첩고 돌아 아군이 많이 보이게 했다는 강강술래의 기원이 있는 곳.

第7景
달마도솔 (達摩兜率)

달마산은 기암괴석이 수려한 산줄기가 길게 뻗어 있다. 달마산은 정상으로 구불구불 이어지는 등산을 따라 사방이 탁인 환경을 감상하며 신비스런 '금생' 에서 욕을 즐길 수 있다.

第8景
주광낙조 (周光落照)

화원 주광리 일대의 해변 일몰이 특히 아름다우며 동양 최대 인공동육장인 팔랑지브는 화려함을 대표하는 관광명소로 자리 잡았다. 또한 매월리에 이르는 금강굴이 배면한 하느길이 절경이어서 어디에서도 아름다운 바다의 경치와 일몰을 즐길 수 있다.

第5景
우항괴룡 (牛項怪龍)

세계유일의 정교한 대형 몽고뉴 공룡발자국 화석과 세계 최대 크기를 자랑하는 빗자국과 익룡발자국 화석 세절 오래된 물갈퀴 새발자국 화석 등 세계적 학술가 관심이 높다.

第6景
육단조범 (六社漁帆)

대한민국의 최남단, 대륙의 시발점이다? 땅끝에는 모노 레일가가 다도해를 배경으로 전망대까지 운행되며 전국에서 유일하게 일출과 일몰을 볼 수 있는 곳이다. 국토종단의 시발지이기에 희망의 첫 걸음을 내딛는 곳이다.

해남 관광 8경

환상적인 일출 풍경을 감상하고 주변 관광지를 살펴보았다. 해남에는 연봉녹우, 두륜연사, 고천후조, 명량노도, 달마도솔, 주광낙조, 우항괴룡, 육단조범의 해남 관광 8경이 있었다.

전라남도는 해남 땅끝에서 강진, 영암, 화순, 곡성, 구례 지리산까지 500리 길을 걷는 '남도 오백리 역사숲길'도 조성해 놓았다.

해안 산책로를 걸으며 땅끝전망대로 올라갔다. 갈두산 정상 사자봉에 있는 땅끝전망대는 남해바다를 가슴에 품고 일출과 일몰을 감상할 수 있는 명소로 날씨가 맑은 날에는 제주도 한라산도 보인다고 한다.

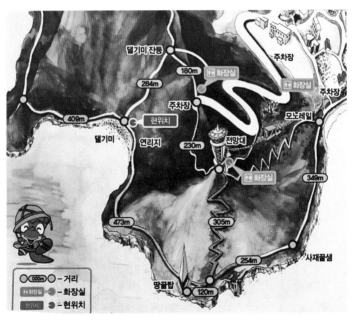

땅끝 관광지

땅끝전망대에서 바라보니 남쪽으로 노화도, 보길도와 청산도가 보이고, 북쪽으로 송호해수욕장, 달마산능선과 두륜산이 보이며, 동쪽으로 갈두리, 사구미해수욕장과 땅끝 조각공원 너머로 완도 상왕봉이 보였다.

땅끝전망대

계단을 내려와 땅끝 탑으로 이동했다.

우리나라 육지부의 최남단인 전라남도 해남군 송지면 갈두리 사자봉 땅끝(극남 북위 34도 17분 38초, 동경 126도 6분 01초)에 조국 땅의 무궁함을 알리는 높이 10m, 바닥면적 3.6제곱미터의 토말비가 세워져 있었다.

토말비

토말비를 감상하고 해안으로 내려가 우리나라 땅끝 바닷물로 손과 발을 씻었다. 해안가 산책로를 걸으며 때죽나무 연리지도 구경하며 댈 기미 자갈밭 삼거리를 지나 해안초소에 도착했다. 계절이 봄이라 춘란 이 예쁘게 피었다. 화려하지 않고 단아한 자태가 일품이었다.

땅끝

땅끝전망대로 되돌아와 모노레일을 타고 갈두리 선착장으로 내려와 아침식사를 했다.

미황사 일주문을 지나 사천왕문에서 운장대를 한번 돌리고 대웅전에 참배한 다음 경내를 둘러보았다. 달마산과 어울린 대웅전의 풍경이 매우 아름다웠다.

달마산 주위를 일주하는 17.74km 구간을 4코스로 구성된 달마고도로 조성해 놓았다.

제1코스(2.71km) : 미황사~큰바람재 코스,

제2코스(4.37km) : 큰바람재~노지랑골 코스,

제3코스(5.63km) : 노지랑골~물고리재 코스,

제4코스(5.03km) : 물고리재~인길~미황사 코스이다.

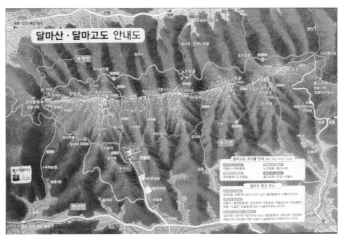

달마고도

미황사를 출발해 달마고도 제1코스를 따라 산지 습지, 암자 터, 삼나
무숲을 지나 관음봉 아래 너덜지대를 통과하니 큰바람재에 도착했다.

관음봉 너덜지대

임도를 따라 조성된 달마고도 제2코스를 걸으며 완도의 풍경도 감상하고 암자 터를 지나 미라골잔등에서 우측으로 난 가파른 비탈길을 올라 문바위재에 도착했다. 바위 꼭대기에서 완도와 남해풍경을 바라보는 경치가 장관이었다. 도솔봉 방향으로 험난한 바위 능선이 뻗어있었다.

　　험난한 바위 능선을 오르내리며 달마봉에 도착해 정상석을 배경으로 인증사진을 찍었다. 불썬봉에 올라 사방을 둘러보니 두륜산과 천관산, 팔영산과 완도 상왕봉이 지척에 보이고 미황사와 송호해수욕장, 도솔봉으로 장쾌하게 뻗은 달마산 능선 너머 땅끝전망대와 보길도와 남해의 섬들이 아름답게 보였다.

불썬봉에서 바라본 완도

불썬봉에서 바라본 미황사

달마산능선

불씬봉에서 충분한 휴식을 취한 다음 능선을 따라 미황사로 내려왔다. 미황사에 도착하니 사천왕문 앞에 수선화 꽃들이 탐스럽게 피어 마치 방긋방긋 웃으며 안녕히 가시라고 인사를 하는 것 같았다. 사진 한 컷에 예쁜 장면을 담고 주차장으로 내려왔다.

　귀갓길에 완도의 '완도금일수협마트'에 들러 곱창 김, 멸치, 쥐포 등 건어물을 구입하고 영암군 학산면의 '독천식당'에서 낙지요리로 저녁 식사를 했다. 학산면의 '독천식당'은 낙지요리전문점으로 유명한 곳으로 맛이 일품이었다.

수선화

덕룡산(德龍山)

암릉 산행의 진수를 맛볼 수 있는 강진의 명산

덕룡산 암릉

높이 : 433m

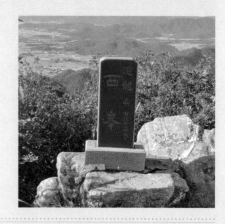

위치 : 전남 강진군 도암면

전남 강진군 도암면에 위치한 덕룡산은 정상인 동봉과 서봉의 두 봉우리로 되어있으며 남쪽으로 주작산을 지나 오소재까지 해발 400m를 오르내리는 창끝처럼 날카로운 암릉의 연속으로 웅장하면서도 아름다운 산이다.

암릉을 이동하면서 바라보는 도암만 푸른 바다, 고금도의 풍광과 주작산 너머로 두륜산 고계봉에 이르는 장쾌한 능선의 조망이 매우 아름답다.

등산객이 많지 않아 호젓한 산행을 즐길 수 있고 암릉 산행의 진수를 맛볼 수 있다. 연속되는 암릉으로 다소 많은 체력과 시간이 소요되는 산이기도 하다. 겨울 적설기에는 가급적 산행을 피하고 봄철이나 가을에 산행을 하면 암릉과 진달래와 억새가 어울려 환상적이다.

등산 코스는 소석문~동봉~서봉으로 정상에 올라 능선 갈림길~수양마을 코스, 작천소령~주작산~수양 관광농원 코스와 작천소령~오소재까지 종주하는 코스가 있는데 자신의 체력과 시간을 안배하여 적당한 코스를 선택하면 된다.

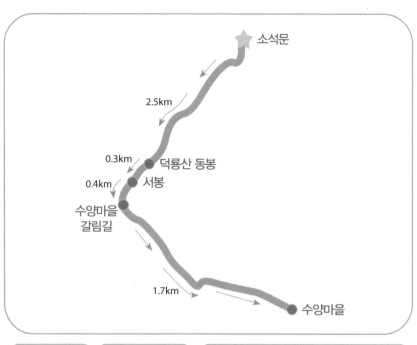

🏃 거리(km) 4.9	🕐 시간(시, 분) 05:00	📋 산행일시 : 2019년 10월 09일 수요일 맑음 한글날

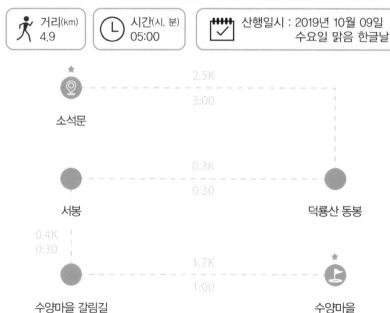

산행기

아침 6시 대전을 출발해 전북 부안군 변산면의 '명인바지락죽' 식당에서 인삼 바지락죽과 바지락 회무침으로 아침식사를 하고 부안, 목포, 영암, 강진을 거쳐 정오에 덕룡산 소석문에 도착했다.

가을이라 날씨도 쾌청하니 등산하기 딱 좋은 날이었다. 가파른 등산로를 오르는데 호랑가시나무, 명감나무, 누리장나무에 열매들이 주렁주렁 열리고 바닥에는 도깨비바늘과 수크렁이 길 가는 발목을 잡았다. 등산 초입부터 철계단과 로프가 설치된 암벽이 우리를 맞았다. 힘겹게 바위에 올라 사방을 둘러보니 석문산과 도암면 일대의 풍광이 장관이었다. 바로 이 짜릿한 맛에 많은 등산객들이 산을 오르는 것 같았다.

등산안내도

소석문에서 바라본 석문산

덕룡산 암릉길

강진만과 덕룡산 암릉의 경치를 구경하며 로프를 잡고 능선을 오르내렸다. 덕룡산 동봉에 도착해 정상 인증사진을 찍었는데 역광이라 사진이 온통 검게 나와 아쉬웠다.

덕룡산 동봉

동봉에서 도암면 학동리와 도암만 일원의 조망을 감상하고 능선을
따라 계속되는 암릉을 오르내리며 산행을 즐겼다.

덕룡산 서봉 암릉

덕룡산 서봉 암릉

서봉에 도착해 인증사진을 찍고 주변을 둘러보니 주작산으로 이어지는 암릉 풍경이 장관이었다. 암릉 코스를 미끄러지듯 굴러서 내려가기도 하고 로프를 잡고 매달리기도 하면서 스릴 있게 암릉을 타며 수양제로 내려가는 능선 갈림길에 도착했다.

수양제 갈림길

늦은 하산길이라 희미한 등산로를 따라 조심조심 내려와 대나무군락지의 대나무 숲길과 수양제를 지나 수양마을로 내려왔다. 어느 한 농가의 진입로에 잎이 붉게 물든 나무가 많이 있어 단풍잎인지 궁금했었는데 나중에 알아보니 홍가시나무였다. 주로 날씨가 따뜻한 남녘에 가로수로 많이 심는다고 한다.

수양교에 도착해 오늘 지나온 덕룡산 능선을 쳐다보니 저녁노을에 물든 덕룡산 암릉 풍광이 장관이었다.

개인택시를 불러 소석문 주차장으로 이동한 다음 산행을 마쳤다. 귀갓길에 강진읍의 '해태식당'에서 한정식으로 저녁식사를 맛있게 한 다음 밤 12시 대전에 도착했다.

홍가시나무

민주지산(岷周之山)

여름철 물한계곡과 겨울 설경이 아름다운 산

민주지산 능선

높 이 : 1,242m

위 치 : 전북 무주군 설천면

충북 영동군 용화면

전라북도 무주군 설천면과 충청북도 영동군 용화면, 상촌면, 경상북도 김천시 부항면에 걸쳐있는 민주지산은 북쪽의 각호산에서부터 남동쪽으로 민주지산, 석기봉, 삼도봉에 이르기까지 장쾌한 능선으로 연결되어 있는 산세가 부드러운 전형적인 육산이다.

북쪽으로는 초강천 위의 원시림 계곡인 물한계곡과 황룡사가 있고 각호골, 미나미골, 속새골, 삼막골, 흘기골 등 계곡미가 뛰어난 골짜기가 많이 있으며 전라북도, 충청북도, 경상북도가 만나는 삼도봉이 있고 석기봉 아래에는 삼두마애불이 있다.

정상에서의 조망은 북쪽으로 각호산, 물한계곡과 황악산이 보이고 동쪽으로 석기봉과 삼도봉, 덕유산에서 삼도봉으로 이어지는 백두대간의 장쾌한 능선이 보이며, 서쪽으로 천태산, 서대산, 대둔산과 계룡산이 보인다.

민주지산 산행은 영동군 상촌면 물한리, 도마령, 용화면 조동리, 무주군 설천면 대불리, 김천시 부항면 해인리를 산행기점으로 하여 삼도봉, 석기봉, 민주지산, 각호산의 4개의 봉우리를 자신의 능력에 따라 적절히 선택하여 등반하면 된다.

★ 산행 후기

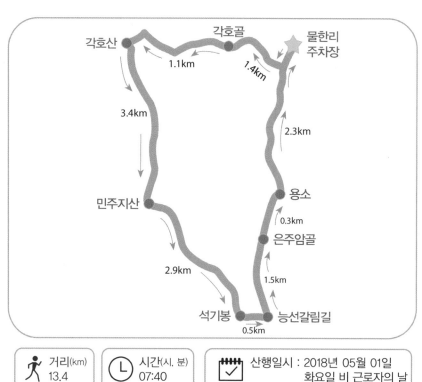

🏃 거리(km) 13.4	🕐 시간(시, 분) 07:40	📋 산행일시 : 2018년 05월 01일 화요일 비 근로자의 날

산행기

5월 1일 근로자의 날을 맞이하여 민주지산 산행에 나섰다. 대전을 출발해 황간IC를 빠져 나와 상촌면의 초강천 변을 따라 물한계곡으로 접어드는데 아침 공기가 맑아 기분이 상쾌했다.

깊은 골짜기를 한참 동안 운행해 오지임을 실감하며 물한리 주차장에 도착하니 등산객이 한 사람도 없이 조용하고 비도 추적추적 내리고 있었다.

물한리 주차장에서 등산안내도를 살펴보니 각호골로 올라가는 길이 새롭게 표기되어 있었다. 주차장에서 새로 생긴 마을로 올라가던 중 길을 잘못 들어 계곡에서 1시간가량 헤매다 다시 원점으로 되돌아 나왔다. 수십 번 등산한 산이지만 오늘은 왠지 귀신에 홀린 듯 초입부터 헤매기 시작했다.

주차장에서 황룡사를 향해 올라가다 물한계곡 표지석을 지나 각호골로 접어들었다. 호젓하게 골짜기를 따라 올라가는데 주변의 참나무에 겨우살이들이 많이 달려 있었다. 큰 소나무를 지나 능선으로 오르는 길에는 단풍취와 우산나물들이 많이 돋아 있었다. 요즘이 산나물들이 많이 나올 때였다.

물한계곡 표지석

　　오후 1시 각호산에 도착해 주변을 바라보니 민주지산과 삼도봉으로 뻗은 능선이 장쾌했다. 아직 이른 봄이라 1000m가 넘는 능선에는 나뭇가지만 앙상해 겨울 분위기였다.

　　민주지산 직전 무인대피소에 도착해 공수특전단 위령비를 둘러보았다.

　　1998년 4월 1일 제5 공수특전여단 제23 특전대대 장병 200여 명이 천리행군 5일 차 야간행군 도중 폭설과 강풍 등 기상악화로 6명의 장병이 사망했고 이 장병들의 넋을 위로하기 위해 국제평화지원단에서 건립한 위령비였다. 한반도 분단이라는 비극적 현실 때문에 전국 방방곡곡에 젊은 목숨들이 쓰러져간 곳들이 너무 많아 마음이 아팠다.

무인대피소

민주지산

민주지산 정상에 도착해 인증사진을 찍고 석기봉과 삼도봉으로 이어지는 장쾌한 능선을 바라보니 속이 후련해지는 기분이었다.

석기봉 아래 삼두마애불상에 도착해 불상과 덕유산 방향의 조망을 감상했다.

석기봉 삼두마애불은 일신삼두상 또는 삼신상이라고도 하는데 몸 하나에 머리가 세 개였다. 삼신(三神)이란 천지인(天地人)을 말하는데 천은 칠성, 지는 용왕, 인은 산신을 뜻하며 우리나라 민간신앙의 터전이다. 삼신상 밑에는 샘이 하나 있는데 가뭄에도 마르지 않는다고 한다.

마애삼두불상

가파른 비탈길을 따라 바위들로 둘러싸인 석기봉에 올랐다. 사방을 둘러보니 조망이 장관이었고 바로 옆에 삼도봉이 보였다.

삼도봉은 전라북도, 충청북도, 경상북도의 3개 도가 만나는 지점으로 백두대간이 지나가는 지점이다. 삼도봉에는 거대한 대화합 기념탑과 백두대간 안내판이 있다.

석기봉

삼도봉

삼도봉

삼도봉을 거쳐 삼막골재로 하산하고 싶었으나 시간이 너무 늦어 능선 갈림길에서 은주암골로 내려갔다. 용소와 낙엽송 숲을 지나 미나미골을 따라 하산해 황룡사에 도착한 다음 경내를 둘러보고 주차장으로 내려갔다.

귀갓길에 물한리 입구의 '물한리 재래식 된장'에서 4년 숙성된 된장을 구매했다.

정선의 '메주와 첼리스트', 문경의 문경 전통 참옻 된장, 순창의 순창 전통 된장, 칠갑산 민속 식품 된장 등 전국 방방곡곡에 유명한 재래식 된장들이 많은데 내 입맛에는 물한리 재래식 된장이 좋았다.

올갱이 요리로 유명한 황간의 '해송식당'에서 맛있게 저녁식사를 했다.

낙엽송 숲

장안산(長安山)

역새군락이 유명한 금남호남정맥의 최고봉

장안산

높 이 : 1,237m

위 치 : 전북 장수군 계남면

전라북도 장수군 계남면, 장수읍, 번암면에 걸쳐있는 장안산은 백두대간 상의 영취산에서 서쪽으로 갈라진 금남 호남정맥 상에 솟아있는 호남의 명산이다.

정상에서 덕유산과 지리산의 조망이 뛰어나고 남서쪽의 덕산계곡과 남동쪽의 지지계곡의 풍광이 빼어나며 가을철 북동릉상 무령고개 방면으로 억새군락이 장관인 산이다.

인근에 임진왜란 당시 왜장을 안고 남강으로 투신한 주논개의 사당인 의암사와 논개 생가터, 장수향교가 있고 국민 관광지 방화동 가족 휴양촌이 있어 1986년 군립공원으로 지정되었다.

등산 코스는 무령고개~정상~무령고개 코스, 무령고개~정상~하봉~범년동~덕산계곡~방화동 가족 휴양촌 코스, 괴목동~무령고개~정상~범년동~덕산리 코스, 무령고개~정상~장구목재~백운산~흩어골봉~밀목재 코스 등이 있다.

★ 산행 후기

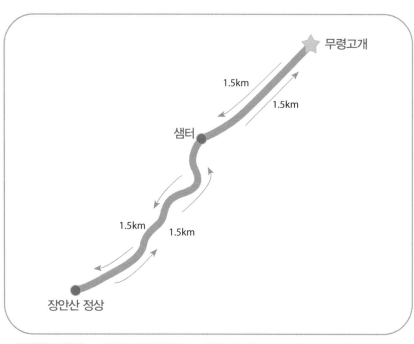

무령고개

1.5km

1.5km

샘터

1.5km

1.5km

장안산 정상

🏃 거리(km) 6.0	🕐 시간(시, 분) 03:00	📅 산행일시 : 2018년 06월 12일 화요일 흐림

무령고개   1.5K   0:40   샘터

1.5K
0:50

장안산 정상

1.5K
0:50

샘터   1.5K   0:40   무령고개

산행기

무령고개에서 등산 안내표지판을 숙지하고 팔각정이 있는 괴목고개로 올라갔다. 완만한 능선을 따라 샘터에 도착해 샘을 둘러보고 잠시 휴식을 취했다.

공터를 지나 조망처에 도착해 주변을 둘러보니 백운산과 서봉, 남덕유산에 이르는 백두대간능선이 장쾌하게 뻗어있었다. 장안산 정상으로의 조망도 아름다웠다.

등산안내도

장안산 북동릉

장안산 정상풍경

정상에서 바라본 백운산

    정상에 도착해 정상석을 배경으로 인증사진을 찍었다. 정상에서 사방을 바라보니 백운산과 지리산이 눈앞에 보이고 백두대간의 장쾌한 능선이 남덕유산과 덕유산으로 이어져 힘차게 뻗어 나갔다. 정상에서 조금 내려와 전망대에서 억새 능선을 감상하고 무령고개로 하산했다.

    귀갓길에 주논개의 사당인 의암사와 논개 생가터, 장수향교를 둘러보고 장수군 장계면의 '서울 숯불갈비' 식당에서 늦은 점심식사를 했다.

30

바래봉(바래峰)

지리산 능선 바라보며 철쭉꽃밭 누비는 남원의 명산

바래봉 철쭉

높이 : 1,165m

위치 : 전북 남원시 운봉읍

전라북도 남원시 운봉읍에 위치한 바래봉은 봉우리의 모양이 스님들의 밥그릇인 바리때를 엎어놓은 모습과 닮았다고 하여 붙여진 이름이라고 한다.

백두대간의 지리산 정령치에서 고리봉~세걸산~팔랑치~바래봉으로 이어지는 능선 위의 끝자락에 위치한 봉우리로 팔랑치 일원과 용산리 국립축산기술연구소 부근에 철쭉이 집단으로 서식하고 있다.

1969년 박정희 대통령 집권 시절 호주의 면양시범목장 설치지역으로 바래봉 일대가 선정되어 1972년부터 1976년까지 5년간 면양 2,500두를 도입하여 사육하였는데 이때 면양이 다른 풀들은 다 뜯어먹고 철쭉은 독성이 있어 먹지 않아 오늘날과 같은 철쭉군락지가 조성되었다고 한다.

매년 4월 하순경 운봉읍 운지사 부근부터 철쭉이 개화하기 시작하여 점차로 높은 곳으로 올라가며 개화해 5월 중순경 팔랑치와 부운치 부근에서 절정을 이룬다.

팔랑치 철쭉

    등산 코스는 용산주차장~바래봉삼거리~바래봉~바래봉삼거리~용산 주차장 코스, 전북학생교육원~세동치~부운치~팔랑치~바래봉~바래봉삼거리~용산 주차장 코스, 정령치~고리봉~세동치~부운치~팔랑치~바래봉~바래봉삼거리~용산 주차장 코스, 하부운~상부운~부운치~팔랑치~바래봉~덕두산~월평마을 코스 등이 있다.

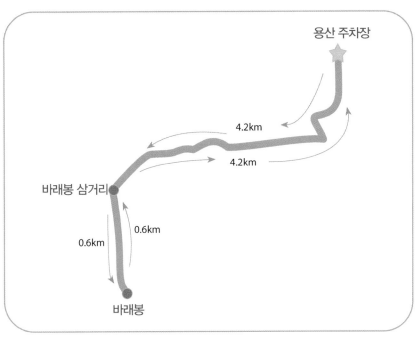

용산 주차장

4.2km

4.2km

바래봉 삼거리

0.6km

0.6km

바래봉

🚶 거리(km)\n9.6	🕐 시간(시. 분)\n05:00	☑ 산행일시 : 2019년 02월 02일\n토요일 맑음

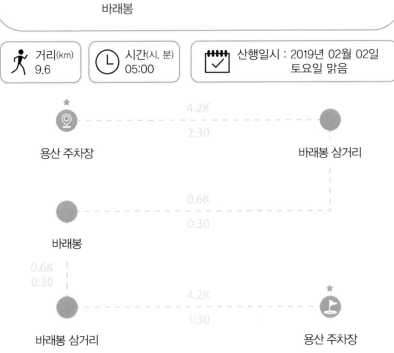

용산 주차장   4.2K   바래봉 삼거리
                    2:30

바래봉   0.6K
                    0:30

0.6K
0:30

바래봉 삼거리   4.2K   용산 주차장
                    1:30

산행기

철쭉이 만개하는 5월에는 여러 번 꽃구경을 와서 눈꽃(설화) 구경을 위해 2월에 바래봉을 찾았다.

용산 주차장을 출발해 운지사를 둘러보았다. '날마다 좋은 날!' '날마다 즐겁고 기쁜 날!'이라는 일일시호일(日日是好日)이란 플래카드가 걸려있었다. 바래봉 탐방로로 들어섰는데 등산로에 눈이 제법 많이 쌓여있었다. 철쭉군락지에 내려앉은 눈을 감상하며 등산로를 따라 오르며 운봉읍을 바라보니 눈 덮인 하얀 시골경치가 정겨웠다.

바래봉 탐방로 문을 통과해 눈 덮인 소나무와 설경을 즐기며 가파른 등산로를 힘겹게 올라 바래봉 삼거리에 도착했다.

운봉읍

바래봉 탐방로

    관리초소가 있는 바래봉 삼거리에서 삼나무 숲길을 지나 약수터에
서 약수 한 바가지를 마셨다. 물맛이 시원해서 좋았고 삼나무숲의 설경
도 일품이었다.

바래봉 삼나무숲

    계단을 따라 정상에 도착해 정상 인증사진을 찍고 사방의 조망을 둘러보았다. 지리산의 천왕봉과 달궁계곡, 반야봉과 노고단으로 이어지는 지리산 주 능선이 한눈에 들어왔다. 왕산과 필봉산이 눈앞에 보이고 남쪽으로 팔랑치와 고리봉으로 연결되는 능선이 아름답게 펼쳐져 있었다.

바래봉

바래봉에서 바라본 지리산 천왕봉

바래봉에서 바라본 지리산 천왕봉

바래봉에서 바라본 왕산

바래봉

　정상에서 설경 풍광을 만끽하고 삼나무 숲길을 지나 바래봉 삼거리
에서 용산 주차장으로 하산하여 산행을 마쳤다.
　귀갓길에 함양의 미성손맛 식당에서 삼겹살로 저녁식사를 했다. 함
양의 미성손맛은 삼겹살 전문점으로 고기를 시키면 각종 산 채소와 가
래떡, 밑반찬 등을 무한 리필로 가져다 먹을 수 있는 셀프바로 운영되는
식당으로 고기 맛도 일품이고 주인아주머니도 너무 친절해서 좋았다.

31

운장산(雲長山)

운일암·반일암 품고 정상 산죽군락이 유명한 산

서봉에서 바라본 운장산

높 이 : 1,126m

위 치 : 전북 진안군 정천면

전라북도 진안군 주천면, 정천면, 부귀면에 걸쳐있는 운장산은 정상이 서봉, 상봉, 동봉의 3개의 봉우리로 이루어진 금남정맥의 최고봉으로 조선 시대 오성대에서 은거하던 성리학자 운장 송익필의 이름을 따서 운장산이라 불렀다고 한다.

서쪽으로 병풍바위가 있는 연석산이 있고, 서봉 아래에 오성대가 있으며, 북두칠성의 전설이 담긴 칠성대와 능선 위에 상여바위도 있다. 정상인 운장대에서 동쪽으로 동봉과 칼크미재를 지나 복두봉과 구봉산으로 긴 능선이 연결되어 있다.

주위에 운일암 · 반일암, 마이산, 대아수목원, 운장산자연휴양림, 용담호 등 관광지가 많으며 대아수목원에는 우리나라 최대의 금낭화 자생지가 있다.

금낭화

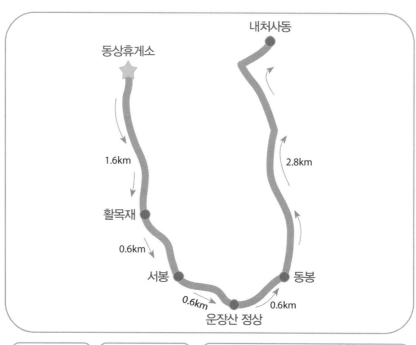

🏃 거리(km) 6.2	🕐 시간(시, 분) 04:20	📋 산행일시 : 2018년 07월 15일 일요일 맑음

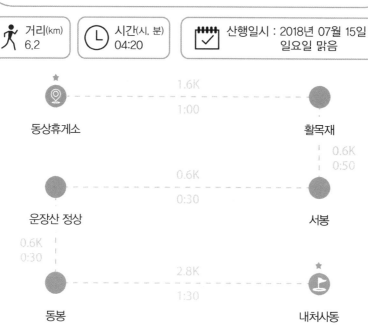

등산 코스는 내처사동~동봉~운장산~서봉~피암목재 코스, 시평리 연석사~연석산~서봉~운장산 코스, 궁항리 정수암~만항치~서봉~운장산 코스, 피암목재~서봉~운장산~동봉~칼크미재~복두봉~구병산~윗양명 코스 등 다양하다.

산행기

운일암·반일암의 계곡풍경을 감상하며 외처사동을 지나 피암목재의 동상휴게소에 도착해 능선을 따라 활목재 방향으로 산행을 시작했다. 조망처에서 대불리 방향의 조망을 바라보며 활목재에 도착했다. 활목재는 독자동에서 서봉으로 올라오는 갈림길이다. 산죽이 우거진 가파른 등산길을 힘겹게 올라 서봉 칠성대에 도착했다.

해발 1,120m의 칠성대에서 사방을 둘러보니 동쪽으로 상여바위, 운장산 정상, 동봉과 복두봉, 서쪽으로 연석산 능선 너머로 전주 시내와 모악산, 남쪽으로 마이산과 지리산, 북쪽으로 대둔산과 계룡산이 보였다.

칠성대

칠성대에서 바라본 연석산

서봉 오성대로 내려가 궁항리의 능선 풍경과 마이산 전경을 감상하며
간단히 점심식사를 했다. 칠성대로 되돌아와 운장산 정상 방향으로 능선
을 따라 상여바위로 올라갔다.

상여바위에서 서봉과 운장대를 바라보는 조망이 매우 아름다웠다.

상여바위

상여바위에서 바라본 서봉

상여바위에서 바라본 운장대

운장산 정상인 운장대에 도착해 인증사진을 찍고 동봉으로 향했다. 동봉으로 가는 구간은 가파른 암릉 길과 산죽 터널로 되어있어 겨울철 아름다운 상고대로 유명하다. 나지막한 참나무에 매달린 구슬처럼 영롱한 상고대가 아름다웠던 때를 회상하며 동봉으로 이동했다.

동봉에는 삼장봉(1,133m)이라는 정상석이 서 있었다. 동봉에서 바라보는 운장산 정상과 서봉의 조망이 장관이었고 복두봉과 구봉산으로 연결된 능선의 조망도 아름다웠다.

내처사동으로 내려오는데 칼크미재 부근에서 가지가 무성한 큰 소나무 한 그루가 위풍당당하게 서 있는 모습이 인상적이었다. 잠시 휴식을 취한 다음 계곡을 따라 내처사동에 도착하니 마을 입구에서 또 한

삼장봉

삼장봉에서 바라본 운장산

그루의 장엄한 소나무가 우리를 반겼다. 외처사동을 지나 55번 도로를 걸어 올라 피암목재의 동상휴게소에 도착해 이번 산행을 마쳤다.

귀갓길에 완주군 소양면의 '화심순두부 본점'에서 두부 요리로 저녁 식사를 했다.

전북 완주군 소양면에는 '화심순두부'라는 이름의 두부 요리 전문점이 많다. 이곳은 오로지 두부만을 이용해 순두부찌개, 두부 전골, 두부 돈가스, 두부 탕수육, 두부 빈대떡, 콩비지 해물파전 등 다양한 두부 요리를 제공하는데 맛도 좋고 가격도 저렴해 꼭 한번 찾아가 볼 만하다.

칼크미재 전 소나무

내처사동 소나무

32

구봉산(九峯山)

구름다리 절경을 자랑하는 진안의 아홉 봉우리

구봉산

높이 : 1,002m

위 치 : 전북 진안군 주천면

전북 진안군 주천면과 정천면에 걸쳐있는 구봉산은 운장산에서 동쪽으로 뻗은 능선 위의 끝자락에 복두동을 지나 9개 암봉들이 솟아있다.

정상인 천왕봉에서 좌측으로 8폭의 병풍을 펼치듯 8개 봉우리들이 일렬로 한 능선에 연이어 펼쳐져 있고 4봉과 5봉 사이에는 2015년에 설치된 아름다운 구름다리가 있다.

좌우 절벽을 이루는 칼날 같은 능선과 구름다리에서의 조망이 뛰어나고 정상에서 운장산, 마이산, 부귀산, 덕유산, 지리산 등이 보이며 주변에 용담호와 운일암 · 반일암 관광명소가 있다.

등산 코스는 구봉산 주차장에서 출발해 제1봉부터 제9봉까지 차례대로 정상에 올랐다가 바람재를 거쳐 양명 마을로 하산하면 된다.

등산안내도

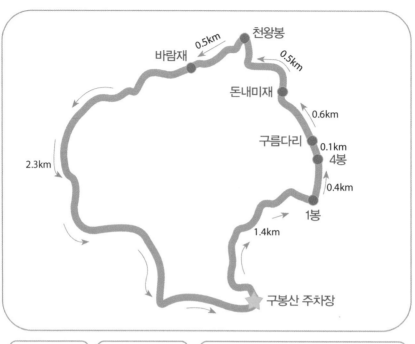

🏃 거리(km) 5.8	🕐 시간(시. 분) 05:30	📅✓ 산행일시 : 2018년 06월 22일 금요일 맑음

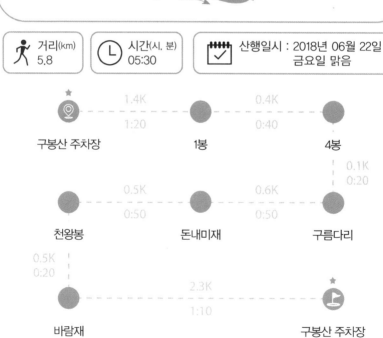

산행기

금산군 주천면을 지나 725번 지방도를 따라가다 윗양명의 구봉산 주차장에 도착했다. 등산안내도를 숙지하고 정상을 바라보니 9개의 암봉들이 일렬로 도열해 있었다.

정상까지 2.8km라는 표지판을 지나 부도골로 접어들어 주변 경치를 감상하며 부도골고개를 올라 능선 위의 날등 삼거리에서 남쪽 방향의 제1봉으로 이동했다. 아담한 소나무 밑 제1봉 표지석에서 바라보는 양명 마을과 용담호 풍경이 장관이었다.

제1봉

제1봉에서 바라본 윗양명

　제2봉과 제3봉을 지나 제4봉의 구름정에 도착했다. 구봉산은 8봉까지 8개의 봉우리가 올망졸망 붙어있고 각 봉우리 정상마다 정상석이 세워져 있었다. 구름정에서 양명 마을과 금산 쪽을 바라보는 경치는 장관이었다.

구름정

구름정에서 바라본 아랫양명

제4봉과 제5봉 사이에는 구름다리가 설치되어 있었다. 깎아지른 절벽 위에 길이 대략 100m 정도 되는 아름다운 구름다리에서 아래를 내려다보니 번지점프 때의 스릴감을 느껴 온몸에 짜릿한 전율이 돋았다. 아찔하지만 기분은 최고였다.

구봉산 구름다리

구봉산 구름다리

　가파른 절벽 길을 계단을 따라 오르내리며 제5봉, 6봉, 7봉, 8봉을
지나 돈내미재에 도착했다. 돈내미재에서 정상까지는 경사가 매우 가파
르고 험한 500m 구간이었다. 체력이 받쳐주지 않아 더 이상 산행이 어
려운 등산객은 이곳에서 천황암을 거쳐 절골로 하산하면 된다.

제5봉에서 바라본 구봉산 정상

제8봉 오름길

돈내미재에서 가파른 비탈길을 올라 정상에 도착해 인증사진을 찍고 사방의 조망을 둘러 보았다. 용담댐 너머로 민주지산, 적상산, 덕유산이 보이고, 운장산, 지리산, 마이산, 부귀산 등이 보였다.

천황사 방향으로 능선을 따라 바람재계곡으로 하산해 양명 마을에 도착했다. 양명 마을에서 구봉산을 바라보니 9개 봉우리들로 이루어진 풍광이 한 폭의 그림 같았다.

구병산 주차장에 도착해 산행을 마치고 충북 영동군 용화면에서 친구가 경영하는 블루베리 농장에 들러 싱싱한 블루베리를 사서 귀가했다.

양명마을에서 바라본 구병산

33

모악산(母岳山)

김제 금산사, 전주 천일암 품은 신앙의 집산지

모악산

높 이 : 794m

위 치 : 전북 김제시 금산면

완주군 구이면

전라북도 김제시 금산면, 전주시 중인동, 완주군 구이면에 걸쳐있는 모악산은 정상 아래의 '쉰길바위'가 어머니가 아기를 안고 있는 형상과 같다고 하여 붙여진 이름으로 충남 논산시 두마면의 신도안과 경북 영주시 풍기읍의 금계동과 함께 난리를 피할 수 있는 명당으로 알려져 있다.

금산사의 봄 경치(모악춘경)는 변산반도의 녹음(변산하경), 내장산의 가을 단풍(내장추경), 백양사의 겨울 설경(백양설경)과 더불어 호남 4경의 하나로 산기슭에는 금산사, 귀신사, 대원사 등의 사찰과 미륵신앙의 본거지인 증산교본부가 있으며 1971년 12월 도립공원으로 지정되었다.

백제의 법왕 원년(599년)에 창건된 금산사 경내에는 미륵전(국보 제62호), 대장전(보물 제827호), 노주(보물 제22호), 석련대(보물 제23호), 혜덕왕사 진응탑비(보물 제24호), 오층석탑(보물 제25호), 방등계단(보물 제26호), 육각다층석탑(보물 제27호), 당간지주(보물 제28호), 북강삼층석탑(보물 제29호), 석등(보물 제828호)의 국보 1점과 보물 10점 외 대적광전, 금강계단 등 많은 문화재가 있다.

정상에서의 조망은 동쪽으로 고덕산, 경각산, 오봉산, 성수산, 만덕산, 덕유산과 지리산, 서쪽으로 내장산, 방장산, 변산과 서해바다, 남쪽으로 회문산, 강천산과 무등산, 북쪽으로 미륵산, 계룡산, 대둔산이 보인다.

등산 코스는 금산사 방면 기점 코스, 전주시 중인동 기점 코스, 완주군 구이면 원기리 관광단지 기점 코스가 있으며 정상을 오르내리는 것이 대표적이다.

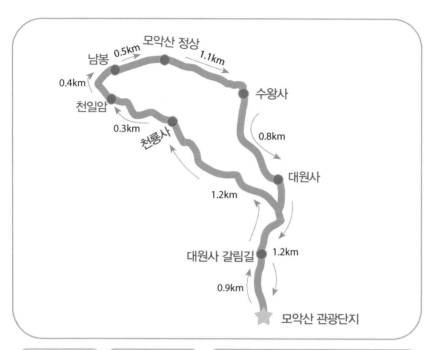

모악산 정상
남봉 0.5km →
1.1km
0.4km ↑
천일암 수왕사
0.3km ← 0.8km
천룡사 ↑
1.2km 대원사
대원사 갈림길 1.2km
0.9km
★ 모악산 관광단지

| 🏃 거리(km) 6.4 | 🕐 시간(시, 분) 04:00 | ☑ 산행일시 : 2018년 08월 25일 토요일 맑음 |

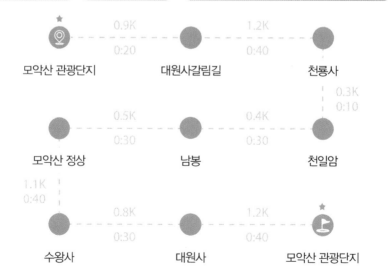

모악산 관광단지 — 0.9K / 0:20 — 대원사갈림길 — 1.2K / 0:40 — 천룡사

천룡사 — 0.3K / 0:10

모악산 정상 — 0.5K / 0:30 — 남봉 — 0.4K / 0:30 — 천일암

수왕사 1.1K / 0:40

수왕사 — 0.8K / 0:30 — 대원사 — 1.2K / 0:40 — 모악산 관광단지

산행기

김제 금산사 방면으로는 여러 번 등산한 경험이 있어 이번에는 전주시 완주군 구이면 원가리 관광단지 기점 코스로 산행하고자 모악산 관광단지로 갔다.

모악산 관광단지에서 모악산의 유래, 모태정, 전주김씨 종중공덕비 등을 둘러보고 해발 179m의 모악산 탐방로 입구로 들어섰다.

금산사 미륵전

모악산 관광단지

　옛날에 선녀들이 내려와 목욕하며 신선들과 신선대에서 놀았다는 선녀폭포에 도착했는데 규모가 너무 왜소했다. 선녀폭포 부근에는 옛날 나무꾼이 한 선녀와 눈이 맞아 사랑을 나누다 바위가 되었다는 사랑 바위가 있었다.

　대원사 갈림길에서 선도교를 지나 선도 계곡을 오르며 비룡폭포, 세심곡 천수암, 낭자바위, 사랑바위, 입지바위, 천신바위, 천부경바위 등을 구경하는데 온 산에 종교적인 냄새가 물씬 풍겨 예사롭지 않았다.

사랑 바위

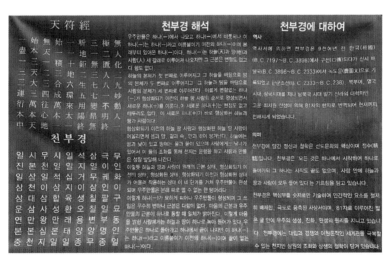

천부경

천룡사에 도착해 천부경을 구경했다. 천부경이란 한민족 문화의 핵심으로 '모든 것은 하나에서 시작하여 하나로 돌아가되 그 하나는 시작도 끝도 없으며 사람 안에 하늘과 땅과 사람이 모두 들어 있다'라는 가르침으로 81자로 이루어진 짧은 글이다. 보통 수준으로는 이해하기 힘들고 심오한 글귀였다.

천화폭포와 일지동굴, 대감바위를 구경하고 천일암에 도착했는데 수행하시는 도인 한 분이 말을 걸어왔다. 도인의 말에 따르면 조만간 우리나라가 주도하는 새로운 세상이 열리는데 이를 이끌 성인이 이곳에서 나온다고 했다. 도통 알아들을 수 없는 말이라 믿거나 말거나 식으로 흘려듣고 천일암 경내를 빠져나와 좌선대와 선녀폭포에서 목욕한 선녀들과 신선들이 놀았다는 신선대를 지나 헬기장이 있는 남봉에 도착했다.

천일암

남봉에서 바라보니 화율봉으로 이어지는 능선과 정상을 지나 북봉과 매봉으로 이어지는 능선이 장쾌하게 뻗어있었고 계곡 끝자락엔 금산사와 금평저수지가 가까이 보였다.

　　모악산 정상은 군사시설 지역으로 예전 같으면 출입한다는 것이 어림도 없겠지만 요즘은 많이 민주화되고 등산문화노 발달해 부대에서도 등산객을 배려해서 군부대 옥상에다 모악산 정상 표지석을 세워 놓았다. 계단을 밟으며 정상으로 올라가는데 한편으로는 군인들에게 미안한 마음이 들었다.

　　정상에 도착해 인증사진을 찍고 주변을 둘러보니 구이저수지와 마을 풍경이 장관이었다.

모악산 정상에서 바라본 구이면

쉰길바위를 구경하고 무제봉을 지나 수왕사로 내려왔다. 수왕사는 신라 시대 창건된 천년고찰이었으나 6.25 때 소실되고 지금은 조그마한 법당만 남아 있었다. 대웅전, 진묵조사전 등을 둘러보고 대원사로 내려갔다.

대원사 경내에서 대원사의 연혁, 진묵대사의 행적, 대웅전, 명부전, 용각부도 등을 둘러보고 계곡을 내려와 모악산 관광단지에 도착해 산행을 마쳤다.

수왕사

대원사

　귀갓길에 전주의 유명한 전주비빔밥 전문점인 '고궁'에서 맛있는 저녁식사를 했다.

　전주에는 전주비빔밥, 전주한옥마을, 콩나물 해장국, 전주 막걸리, 한정식 등 먹거리가 풍부하다. 전주비빔밥은 고궁, 한국관, 반야돌솥밥, 고궁담, 가족회관, 성미당, 종로회관, 하숙영 가마솥비빔밥, 한국집 등이 유명하고, 콩나물 해장국은 삼백집, 현대옥, 오래옥, 왱이콩나물국밥, 풍전콩나물국밥 등이 유명하다. 전주 막걸리는 삼천동 막걸리 골목과 서신동 막걸리 골목 내 옛촌 막걸리, 용진집, 남도집, 홍도주막 등 수많은 집들이 모여 있으며, 전통한정식은 궁, 백번집, 전라회관, 호남각, 만성한정식, 무궁화, 양반가, 송정원, 전라도 음식 이야기 등이 유명하다.

34

방장산(方丈山)

능선미가 아름다운 고창의 명산

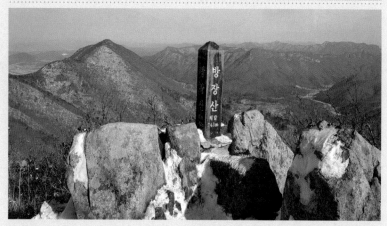

방장산

높이 : 743m

위 치 : 전북 고창군 신림면
　　　　전남 장성군 북이면

산이 넓고 커서 백성을 감싸준다는 뜻으로 이름 붙여진 방장산은 전라북도 고창군 신림면과 정읍시, 전라남도 장성군 북이면에 걸쳐있는 고창의 명산이다.

정상에서 북동쪽으로 봉수대와 734m봉을 거쳐 장성갈재로 이어지고 남서쪽으로는 벽오봉을 거쳐 양고살재로 장벽 같은 산줄기가 뻗어있다.

정상에서의 조망은 모악산, 내장산, 백암산, 지리산, 축령산, 선운산 등이 보이고, 서쪽의 용추계곡에는 용추폭포가 남쪽의 죽청리에는 방장산자연휴양림이 있다.

등산 코스는 양고살재~방장사~갈미봉~벽오봉~고창고개~방장산 정상~고창고개~자연휴양림 코스, 상원마을~미륵사~억새봉~고창고개~방장산 정상 코스, 장성갈재~쓰리봉~봉수대~방장산 정상 코스, 신평리~용추계곡~고창고개~방장산 정상 코스 등이 있다.

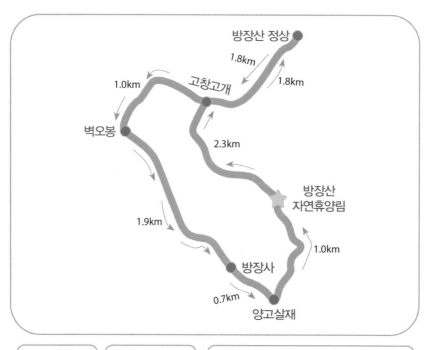

| 🏃 거리(km) 10.5 | 🕐 시간(시, 분) 04:40 | ✅ 산행일시 : 2018년 12월 08일 토요일 맑음 |

산행기

호남고속도로를 타고 광주를 향해 내려가다 보면 내장산IC를 지나 호남터널 직전에 우측으로 우뚝하게 솟아있는 산이 방장산이다.

장성군 북이면 죽청리의 방장산자연휴양림에 도착해 주변을 둘러보고 자연휴양림을 지나 고창고개로 올라갔다. 등산로에 눈이 많이 쌓였고 흰 눈이 덮인 소나무 설경도 아름다웠다.

정상에 도착해 인증사진을 찍고 사방을 둘러보니 북동쪽으로 쓰리봉 방향과 남서쪽으로는 억새봉 방향으로 능선이 장쾌하게 뻗어있었다.

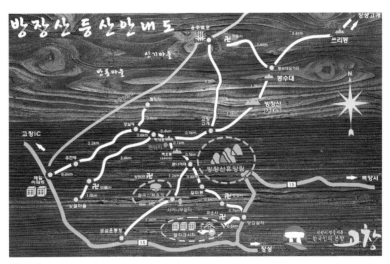

등산안내도

방장산자연휴양림

　　고창고개로 내려와 억새봉으로 올랐다. 넓은 평지의 억새봉에는 많은 등산객들이 텐트를 치느라 분주했다. 산 정상에서 텐트를 치고 비박을 하며 밤에 별구경을 즐기는 사람들이었다. 산 정상이라 날씨가 제법 쌀쌀했지만 모두 행복해 보였다. 방장산 가비와 방장산 시산제 제단을 구경하고 주변을 둘러보니 고창읍 풍경이 발아래 펼쳐져 보이고 내장산과 백암산, 지리산, 선운산 등이 가까이 보였다.

방장산 정상에서 바라본 쓰리봉

억새봉

방장산 시산제 제단

벽오봉에 도착해 조망을 감상하고 문너머재와 갈미봉을 지나 방장사에 도착했다. 방장사 경내를 둘러보고 양고살재로 하산했다.

도로를 따라 자연휴양림에 도착해 산행을 마쳤다.

이곳 고창지방에는 고창 수박, 복분자딸기, 풍천장어, 석천온천 등이 유명하다.

벽오봉

35

마이산(馬耳山)

팔진도법의 천지탑과 탑사를 품고 말 귀를 닮은 산

마이산

높이 : 687m

위 치 : 전북 진안군 마령면

전라북도 진안군 마령면과 진안읍에 걸쳐있는 마이산은 봉우리 2개 (암마이봉과 수마이봉)로 되어있는데 두 암봉이 나란히 솟은 형상이 마치 말의 귀를 닮았다고 하여 마이산이라는 이름이 붙여졌다고 한다.

마이산은 계절에 따라 다양한 이름으로 불리는데 봄에는 안개 속을 뚫고 나온 두 봉이 쌍돛대 같다고 해서 돛대봉, 여름에는 수목이 울창해지면 용의 뿔 같다고 해서 용각봉, 가을에는 단풍이 물들면 말의 귀 같다고 해서 마이봉, 겨울에는 눈이 내려도 쌓이지 않아 먹물에 찍은 붓끝 같다 하여 문필봉이라 불린다.

수마이봉은 산 정상이 날카롭고 급경사 지형으로 등반이 불가능한 반면 암마이봉은 계단이 설치되어 있어 일반인들도 쉽게 정상에 오를 수 있다.

수마이봉 기슭에는 은수사가 있고 은수사에는 청실배나무(천연기념물 제386호)가 있다. 은수사 아래에는 마이산 탑사와 이갑용 처사가 쌓았다는 천지탑, 오방탑, 중앙탑 등의 돌탑과 능소화가 있으며 탑영제와 금당사도 있다. 일대의 자연경관과 사찰들을 중심으로 1979년 10월 도립공원으로 지정되었다.

암마이봉 정상에서 바라보면 동쪽으로는 덕유산과 민주지산, 서쪽으로는 만덕산과 모악산, 남쪽으로는 팔공산과 지리산, 북쪽으로 운장산, 대둔산과 계룡산이 보인다.

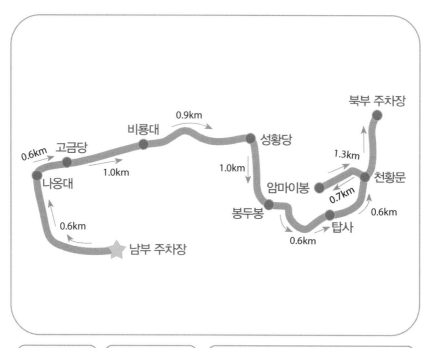

🏃 거리(km) 7.3	🕐 시간(시, 분) 04:00	📋 산행일시 : 2018년 04월 28일 토요일 맑음

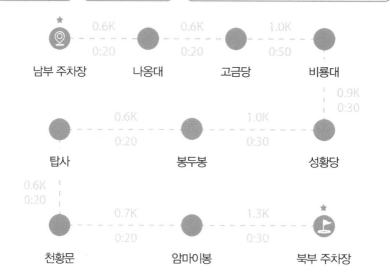

남부 주차장 — 0.6K / 0:20 — 나옹대 — 0.6K / 0:20 — 고금당 — 1.0K / 0:50 — 비룡대

탑사 — 0.6K / 0:20 — 봉두봉 — 1.0K / 0:30 — 성황당 — 0.9K / 0:30

천황문 — 0.7K / 0:20 — 암마이봉 — 1.3K / 0:30 — 북부 주차장

0.6K / 0:20

등산 코스는 남부 주차장~나옹대~고금당~비룡대~성황당~봉두봉
~탑사~천황문~암마이봉~북부 주차장의 종주 코스가 있으며 천황문
에서 암마이봉까지는 편도 약 700m 계단으로 누구든지 쉽게 오를 수
있다.

산행기

남부 주차장에 주차하고 금당사에 도착해 대웅전, 명부전, 산신각,
극락전, 지장전, 삼성각, 나한전, 괘불(보물 제1266호), 석탑 등을 둘러
보았다.

남부 주차장 부근에는 진안 흑돼지의 쫄깃한 육질과 그윽한 참나
무 숯 향이 만들어내는 흑돼지 등갈비구이 집들로 유명하다. '초가정담'
'벚꽃마을' 등 많은 식당들이 있다. 또한 매표소에서 탑영제를 지나 탑
사에 이르는 도로변은 유명한 벚나무길로 4월이면 풍경이 장관이다.

주차장으로 되돌아와 탕금봉으로 올라 나옹대와 고금당을 감상하고
능선을 따라 비룡대로 이동했다. 비룡대에서 마이산을 바라보니 조망이
장관이었다.

탑영제

비룡대에서 바라본 마이산

능선을 따라 이동하며 탑영제 삼거리와 봉두봉 사거리를 지나 봉두봉에 도착해 암마이봉 아래 갈림길로 내려왔다. 암마이봉을 쳐다보니 콘크리트를 비벼놓은 듯 큰 바윗덩어리에 구멍이 숭숭 난 기형적인 모습이 인상적이었다. 마이산의 지질구성은 백악기 역암이며, 기형적인 모습은 오랜 세월 동안 비바람에 깎여 만들어진 수많은 구멍(풍화혈, tafoni)이라고 한다. 이러한 장면을 보고 있노라니 자연의 힘이 얼마나 놀랍고 경이로운지 다시 한번 느낄 수 있었다.

암마이봉

마이산 탑사에 도착했다. 암마이봉 아래에 대웅전, 미륵불상, 수많은 돌탑들이 세워져 있었다. 마이산 탑사에 있는 돌탑 무리는 1860년 전북 임실에서 태어난 이갑룡 처사가 신의 계시를 받고 25세부터 30여 년간에 걸쳐 108기의 석탑을 쌓았다고 한다. 어떠한 접착제나 시멘트를 사용하지 않고 오직 천지음양의 이치와 팔진도법을 적용해 쌓았다는데 100년이 넘도록 넘어지지 않고 있다는 것이 신기하기만 했다.

탑사에는 천지탑, 오방탑, 33신장군탑, 중앙탑, 일광탑, 월광탑, 약사탑 등 80여 기의 돌탑들이 남아있었다. 겨울철에는 정한수 물그릇에서 올라오는 역고드름이 유명하다고 했다.

대웅전, 영신각, 미륵불상, 이갑룡 처사상, 능소화, 오방탑, 천지탑, 중앙탑 등을 둘러보았다.

탑사

중앙탑

이갑룡 처사

천지탑

능소화

대웅전에서 바라본 탑사 전경

　조선을 건국한 이성계가 왕조의 꿈을 꾸며 기도를 드렸다는 은수사
로 향했다. 매표소에서 바라보니 수마이봉과 어울린 은수사 풍광이 너
무 아름다웠다. 청실배나무(천연기념물 제386호)와 대적광전과 무량광
전 등 경내를 둘러보았다. 즐겁고 쾌활한 마음으로 인생을 살아가겠다
고 가슴 깊이 새기며 법고를 크게 세 번 치고 긴 계단을 올라 천왕문에
도착했다.

수마이봉

은수사

화엄굴을 다녀와 가파른 계단을 올라 암마이봉 정상에 도착했다. 전망대에서 수마이봉을 바라보니 주변 경치와 어울려 장관이었다.

암마이봉 정상에서 인증사진을 찍고 정상 전망대에서 주변을 바라보니 탑영제 너머로 고금당과 비룡대가 보이고 조금 전 지나온 능선도 장쾌하고 멋졌다.

천황문을 거쳐 북부 주차장으로 내려와 산행을 마감하고 택시로 남부 주차장으로 이동했다.

수마이봉

36

선운산(禪雲山)

풍천장어와 동백나무숲이 유명한 산

선운산 도솔암

높 이 : 336m

위 치 : 전북 고창군 심원면

전라북도 고창군 심원면과 아산면에 걸쳐있는 선운산은 본래 도솔산이었으나 백제 때 창건한 선운사가 있어 선운산이라고 불리게 되었다.

선운사를 중심으로 경수산, 도솔산, 개이빨산, 청룡산, 비학산, 구황봉, 형제봉 등이 'ㄷ'자 형태로 둘러서 있고 능선 위에는 낙조대, 천마봉, 병풍바위, 배맨바위, 쥐바위, 사자바위, 투구바위, 해골바위, 안장바위, 선바위, 형제바위, 벌바위, 탕건바위 등 기암괴석이 즐비하다.

산록에는 선운사, 도솔암, 석상암, 창당암, 내원궁의 사찰과 송악(천연기념물 제367호), 장사송(천연기념물 제354호), 동백나무숲(천연기념물 제184호), 꽃무릇 군락지, 용문굴, 진흥굴 등 관광명소가 많아 1979년 12월 도립공원으로 지정되었다.

배맨바위

사자바위

투구바위

🏃 거리(km) 11.6	🕐 시간(시, 분) 05:40	☑ 산행일시 : 2018년 12월 09일 일요일 맑음

등산 코스는 선운사~도솔암~천마봉~도솔산~마이재~선운사 코스, 경수산~도솔산~천마봉~청룡산~사자바위~투구바위~도솔제~선운사 코스, 선운사~도솔암~천마봉~청룡산~비학산~구황봉~형제봉~조각공원 코스가 있다.

산행기

선운사 주차장을 출발해 송악을 구경하러 갔다. 송악은 나무가 바위에 붙어 자라는 일종의 넝쿨 식물로, 선운사 송악(천연기념물 제367호)은 단지 한 그루에서 뻗어 나와 바위벽을 사시사철 푸르게 감싸고 자라고 있는데, 국내 내륙에서는 가장 크다고 한다. 놀라운 생명력과 장엄한 자태가 경이로웠다.

선운사에 도착했다. 백제 때 창건된 사찰인 선운사 경내에는 대웅전(보물 제290호), 만세루(보물 제2065호), 금동보살좌상(보물 제279호), 지장보살좌상(보물 제280호), 영산전 목조삼존불상, 약사불상, 삼존불좌상, 아미타삼존상 등 많은 문화재와 동백나무숲(천연기념물 제184호)이 있었다.

송악

동백나무숲

대웅보전, 영산전, 관음전, 팔상전, 명부전, 산신각 등 경내를 둘러보고 석상암을 지나 마이재를 거쳐 도솔산 정상인 수리봉에 도착했다. 정상석을 배경으로 인증사진을 찍고, 완만한 능선을 따라 국사봉을 지나 소리재에 도착해서 청룡산 쪽을 바라보니 천마봉과 사자바위의 풍경이 장관이었다.

수리봉

소리재에서 바라본 천마봉

천상봉에서 조망을 감상하고 용문굴을 구경한 다음 낙조대로 갔다. 드라마 〈대장금〉의 촬영지이고 서해 일몰의 조망처인 낙조대에서 주변을 바라보니 눈앞에 도천저수지와 칠산 앞바다, 곰소만이 한눈에 들어왔다.

낙조대

　선운산에서 조망이 가장 좋은 천마봉에 도착해 기념사진을 찍고 사방의 조망을 감상했다. 도솔암과 내원궁, 도솔계곡과 선운사계곡 양옆으로 늘어선 긴 능선이 한눈에 들어왔다.

　천마봉에서 가파른 계단을 내려와 뒤돌아보니 우뚝 솟은 천마봉의 위용이 주변 경치와 어울려 장관이었다.

천마봉

천마봉

도솔암의 마애불상에 도착했다. 선운사 등불암지 마애여래좌상(보물 제1200호)은 암벽 면에 높게 새겨진 높이 13m, 너비 3m의 불상으로 결가부좌한 자세로 연화 좌대에 앉아 있었다.

백제의 위덕왕이 검단 선사에게 부탁해 암벽에 불상을 조각하고 그 위 암벽 꼭대기에 등불암이라는 공중누각을 만들게 했다고 한다.

불상 머리 위의 구멍은 등불암의 기둥을 세웠던 곳이고 명치 끝에는 검단 선사가 쓴 비결 책을 넣었다는 감실이 있다고 한다.

도솔암 마애여래좌상

나한전을 지나 161계단을 올라 도솔암 내원궁으로 올라갔다. 도솔암 내원궁은 험준한 바위 위에 세워진 법당으로 금동지장보살좌상(보물 제280호)이 모셔져 있었다. 삼배를 올리고 주변의 조망을 감상했는데 천마봉을 바라보는 경치가 장관이었다.

도솔암 경내를 둘러보고 신라 진흥왕이 왕위를 버리고 수행했다는 진흥굴과 장사송(천연기념물 제354호)을 구경한 다음 선운사계곡을 따라 하산해 주차장에 도착했다.

산행을 마치고 선운사 앞의 '명가 풍천장어'에서 장어구이와 복분자주로 저녁식사를 했다.

도솔암 내원궁

선운사 일대는 풍천장어로 유명하다. 풍천장어란 전라북도 고창군을 흐르는 주진천(인천강)과 서해가 만나는 고창군 심원면 월산리 부근에서 잡히는 뱀장어를 말하며 주로 3월과 6월 사이에 잡힌다고 한다. 이 일대에는 풍천장어 전문 식당들이 즐비하게 늘어서 있다.

고창은 복분자주와 뽕나무 열매인 오디도 유명하며, 9월에 선운사 일대의 꽃무릇과 고창 문수사 단풍나무숲도 꼭 구경해 볼 만하다.

장사송

산행을 마치며

블랙야크 알파인클럽에서 선정한 100대 명산을 2년간에 걸쳐서 완등하기로 목표를 세우고, 매월 첫 번째와 세 번째 주말을 이용하여 한 달에 2회씩 산행을 시행했다.

2018년 1월 첫 산행을 시작으로 2020년 6월까지, 2년 6개월 만에 100대 명산을 모두 완등했다.

총 산행 거리 : 825km, 총 산행 시간 : 646시간, 소요경비 : 2,000만 원(1인당 500만 원), 자동차 주행거리 : 30,000km의 많은 시간과 경비가 소요됐다.

산행 대상지가 전국에 걸쳐있어서 목적지까지 다녀오는데 많은 시간과 경비가 소요됐고, 장거리 운전에 피로도 축적되고 위험도 따르는 등 어려운 점이 많았다. 동생 병선이는 안전한 교통편을 제공하려고 8000만 원을 들여서 K9을 구입하기도 했다.

다행히도 단 한 건의 사고도 없이 모두 안전하게 산행을 마쳤다. 덕분에 전국 방방곡곡 구석구석 구경하고, 전국의 맛있는 음식을 골고루 맛보았다. 보람되고 의미 있게 지나간 2년 반 동안의 세월이었다.

블랙야크 알파인클럽에서 운영하는 명산100 프로그램은 인증타월이나 인증패치를 지참하고 꼭 지정된 장소에서 정상석을 배경으로 인증사진을 찍어서 실시간으로 인증을 해야 했다. 덕분에 반드시 정상까지 올라가야 했다. 산을 오를 때마다 산 높이에 해당하는 포인트를 주었고, 10개의 산을 오를 때마다 인증패치와 1만 점의 포인트를 주었다. 포인트는 블랙야크에서 등산용품을 구입할 때, 현금으로 사용할 수 있었다. 등산도 하고, 포인트도 받고, 패치도 받고 해서 재미도 있었고, 보다 많은 관심을 가지고 프로그램에 참가하여 100명산을 완등했다. 산마다 정상에 도착하면 많은 사람들이 인증사진을 찍으려고 줄을 서 있었는데, 이 광경을 바라볼 때마다 이 프로그램이 우리나라의 등산문화 발전에 크게 기여하는 것 같다고 생각했다.

명산100 완등을 기념하기 위하여 속리산 문장대에 올라서 문장대를 배경으로 기념사진을 찍었다. 큰일이라도 해낸 것처럼 가슴이 뿌듯하고 나 자신이 대견스러웠다. 더욱 용기가 나고 자신감이 생겼다.

블랙야크로부터 명산100 완주인증서와 완주패를 받았다. 4명의 것을 모두 합하니 집안의 경사였다. 우리 가족이 강철 가족인가?

완주 기념사진(속리산 문장대)

완주인증서(최병욱)

완주인증서(진성화)

완주인증서(노희자)

완주인증서(최병선)

완주패(최병욱)

완주패(진성화)

완주패(노희자)

완주패(최병선)

〈참고 1〉 등산 거리, 등산 시간, 1인당 소요경비, 등산일, 차량 주행거리

순위	산 이 름	거 리 (Km)	시 간 (시:분)	소요경비 (1인당)	등 산 일	차량 (km)
01	황 석 산	12.5	08:30	60,000	2019. 03. 31.	252
02	재 약 산	16.0	09:00	89,000	2019. 04. 27.	263
03	황 매 산	12.5	09:00	86,000	2019. 05. 01.	338
04	천 성 산	15.7	10:40	52,000	2019. 11. 03.	317
05	금 정 산	9.1	05:10	76,000	2019. 12. 14.	KTX
06	화 왕 산	8.8	05:20	51,000	2018. 10. 03.	376
07	황 악 산	12.5	06:40	30,000	2018. 08. 05.	166
08	주 흘 산	13.0	08:20	50,000	2018. 10. 14.	365
09	응 봉 산	12.6	05:40	98,000	2019. 08. 24.	365
10	금 오 산	9.2	06:10	30,000	2019. 01. 01.	241
11	대 야 산	9.2	06:20	44,000	2018. 08. 15.	251
12	청 량 산	5.4	04:40	67,000	2019. 05. 06.	301
13	내 연 산	18.6	08:40	91,000	2019. 05. 04.	255
14	가 지 산	12.0	06:30	83,000	2019. 11. 02.	313
15	신 불 산	16.8	10:00	66,000	2019. 04. 28.	276
16	팔 공 산	13.6	07:40	50,000	2018. 12. 30.	299
17	비 슬 산	13.0	06:40	50,000	2018. 04. 29.	351
18	백 운 산	9.6	06:40	85,000	2019. 03. 02.	289
19	조 계 산	9.2	05:30	80,000	2018. 11. 17.	511
20	동 악 산	10.4	06:20	71,000	2018. 12. 16.	325
21	천 관 산	7.9	04:40	95,000	2018. 11. 18.	571
22	두 륜 산	6.5	05:50	75,000	2019. 03. 23.	298
23	축 령 산	12.5	06:30	62,000	2018. 08. 04.	300
24	팔 영 산	8.5	05:40	84,000	2019. 03. 01.	343
25	불 갑 산	7.3	05:00	65,000	2018. 12. 25.	380

26	달 마 산	7.4	04:30	70,000	2019. 03. 24.	362
27	덕 룡 산	4.9	05:00	83,000	2019. 10. 09.	615
28	민 주 지 산	13.4	07:40	47,000	2018. 05. 01.	182
29	장 안 산	6.0	03:00	30,000	2018. 06. 12.	259
30	바 래 봉	9.6	05:00	66,000	2019. 02. 02.	303
31	운 장 산	6.2	04:20	56,000	2018. 07. 15.	187
32	구 봉 산	5.8	05:30	48,000	2018. 06. 22.	149
33	모 악 산	6.4	04:00	50,000	2018. 08. 25.	251
34	방 장 산	10.5	04:40	62,000	2018. 12. 08.	152
35	마 이 산	7.3	04:00	49,000	2018. 04. 28.	228
36	선 운 산	11.6	05:40	65,000	2018. 12. 09.	303
계		275.1	215:30	1,625,000		10,737
총 합 계		824.9	645:30	4,727,500		29,272

〈참고 2〉 정상 인증사진

01. 황석산	02. 재약산	03. 황매산
04. 천성산	05. 금정산	06. 화왕산
07. 황악산	08. 주흘산	09. 응봉산

형제가 함께 간 한국의 100 명산 산행기(하) · 경상도 · 전라도 지역 명산

19. 조계산	20. 동악산	21. 천관산
22. 두륜산	23. 축령산	24. 팔영산
25. 불갑산	26. 달마산	27. 덕룡산

〈참고 3〉 우리가 찾아간 전국의 맛집

구간	상호명	전화번호	주소z	메뉴
인천	양선민 참숯불 풍천장어	(032)-932-9233	인천광역시 강화군 선원면 더리미길 13번길 4	장어
인천	보광호 2호점	(032)-937-7111	인천광역시 강화군 길상면 해안남로 619번길 21	생선회
의정부	오뎅식당	(031)-842-0423	경기도 의정부시 호국로 1309번길 7	부대찌개
청평	원조장작불곰탕	(031)-584-0751	경기도 가평군 청평면 경춘로 980	곰탕
가평	안성집	(031)-582-9612	경기도 가평군 북면 가화로 2089-8	한식
이천	청목	(031)-634-5414	경기도 이천시 경충대로 3046	쌀밥정식
이천	이천쌀밥 나랏님	(031)-638-8088	경기도 이천시 경충대로 3044	쌀밥정식
이천	거궁 이천점	(031)-637-4007	경기도 이천시 신둔면 서이천로 945	쌀밥정식
안성	안일옥	(031)-675-2486	경기도 안성시 중앙로 411번길 20	우탕
속초	김영애할머니순두부	(033)-635-9520	강원도 속초시 원암학사평길 183	순두부
속초	춘선네	(033)-635-8052	강원도 속초시 청초호반로 230	곰칫국
인제	자연덕장	(033)-462-9451	강원도 인제군 북면 진부령로 117	황태요리
인제	용바위식당	(033)-462-4079	강원도 인제군 북면 진부령로 107	황태요리
인제	남북면옥	(033)-461-2219	강원도 인제군 인제읍 인제로 178번길 24	돼지수육
춘천	일번가닭갈비	(033)-241-5505	강원도 춘천시 신북읍 신샘밭로 771	닭갈비
춘천	통나무집닭갈비	(033)-241-5999	강원도 춘천시 신북읍 신샘밭로 763	닭갈비
춘천	우미닭갈비	(033)-253-2428	강원도 춘천시 금강로 62번길 4	닭갈비
춘천	산토리니	(033)-242-3010	강원도 춘천시 동면 순환대로 1154-97	파스타
춘천	남부막국수	(033)-254-7859	강원도 춘천시 춘천로 81번길 16	막국수
춘천	유포리막국수	(033)-242-5168	강원도 춘천시 맥국2길 123	막국수
춘천	부안막국수	(033)-254-0654	강원도 춘천시 후석로 344번길 8	막국수
홍천	양지말 화로구이	(033)-435-1555	강원도 홍천군 홍천읍 양지말길 17-4	숯불구이

구간	상호명	전화번호	주소z	메뉴
홍천	가리산막국수	(033)-435-2704	강원도 홍천군 두촌면 가리산길 23번길 7	막국수
동해	청보회센타	(033)-535-1531	강원도 동해시 일출로 151 삼양비치타워	생선회
삼척	환선밥상	(033)-541-1777	강원도 삼척시 환선로 594	한식
횡성	전원막국수	(033)-342-5747	강원도 횡성군 우천면 한우로 우항7길 19-4	막국수
태백	배달식육실비식당	(033)-552-3371	강원도 태백시 황지로 15	한우
태백	초막고갈두	(033)-553-7388	강원도 태백시 백두대간로 304	생선조림
태백	너와집	(033)-553-4669	강원도 태백시 고원로 35	한정식
영월	영월 다하누촌	(033)-372-2227	강원도 영월군 주천면 주천시장길 16-6	한우
영월	영월 동강한우	(033)-378-5550	강원도 영월군 상동읍 함백산로 426	한우
영월	가보자 삼겹살	(033)-373-5279	강원도 영월군 영월읍 중앙1로 17-9	삼겹살
영월	수정식당	(033)-374-3045	강원도 영월군 영월읍 중앙로 85	한식
정선	동광식당	(033)-563-3100	강원도 정선군 정선읍 녹송1길 27	황기족발
정선	아랑맛집	(033)-563-0016	강원도 정선군 정선읍 비봉로 48-1	설렁탕
정선	싸리골식당	(033)-562-4554	강원도 정선군 정선읍 정선로 1312	곤드레밥
대전	한마음면옥	(042)-822-0159	대전광역시 유성구 계산동 711-3	냉면
대전	한희수 개성만두	(042)-638-6161	대전광역시 동구 한밭대로 1221	만두
대전	시래기마을	(042)-627-6006	대전광역시 동구 용전동 한밭대로 1299	시래기요리
세종	산장가든	(044)-867-3333	세종특별자치시 연서면 도신고복로 1131-7	돼지갈비
청주	두툼(복대동점)	(043)-232-9960	충북 청주시 흥덕구 죽천로 81	생선회
청주	리틀차이나	(043)-260-5272	충북 청주시 흥덕구 옥산면 옥산시내2길 20	중식
청주	부부농장	(043)-298-0841	충북 청주시 상당구 문의면 대청호반로 834-1	고추장 삼겹살
증평	대짜만두전골	(043)-838-9233	충북 증평군 증평읍 윗장뜰길 20	만두
괴산	시루봉휴게소	(043)-833-8255	충북 괴산군 연풍면 적석리 195-4	한식
황간	해송식당	(043)-745-8253	충북 영동군 황간면 하옥포3길 4	올갱이국

구간	상호명	전화번호	주소z	메뉴
보은	경희식당	(043)-543-3736	충북 보은군 속리산면 사내7길 11-4	한정식
보은	신라식당	(043)-544-2869	충북 보은군 보은읍 교사삼산길 40	한식
서산	간월도별미 영양굴밥	(041)-664-8875	충남 서산시 부석면 간월도1길 69-1	굴밥
예산	뜨끈이 집	(041)-338-3993	충남 예산군 덕산면 덕산온천로 331-6	해장국
예산	본가큰가마설렁탕	(041)-338-1937	충남 예산군 삽교읍 도청대로 830-6	설렁탕
예산	소복갈비	(041)-335-2401	충남 예산군 예산읍 천변로 195번길 9	갈비요리
청양	칠갑산 맛있는 집	(041)-943-8007	충남 청양군 대치면 장곡길 119-19	한식
청양	칠갑산맛집	(041)-943-5912	충남 청양군 대치면 장곡길 119-39	두부요리
금산	김정이 삼계탕	(041)-751-2678	충남 금산군 금산읍 인삼약초로 33	삼계탕
감포	수협활어직판장	(054)-777-4404	경북 경주시 감포읍 오류리 600-2	생선회
풍기	풍기인삼갈비	(054)-635-2382	경북 영주시 풍기읍 동부4리 237-2	인삼갈비탕
풍기	서부냉면	(054)-636-2457	경북 영주시 풍기읍 인삼로3번길 26	냉면
봉성	솔봉숯불구이	(054)-674-3989	경북 봉화군 봉성면 미륵골길 2	돼지숯불 구이
문경	원조약돌가든	(054)-572-2550	경북 문경시 문경읍 여우목로 21	약돌돼지
예천	단골식당	(054)-655-4114	경북 예천군 용궁시장길 28-19	순대
상주	지천식당	(054)-532-1715	경북 상주시 남상주로 1460	칼국수
김천	청산고을	(054)-436-8030	경북 김천시 대항면 황학동길 32	한식
김천	배시내석쇠불고기	(054)-430-5834	경북 김천시 감문면 배시내길 46	불고기
언양	언양진미불고기	(052)-262-1375	울산광역시 울주군 삼남면 중평로 33	석쇠불고기
언양	언양기와집불고기	(052)-262-4884	울산광역시 울주군 언양읍 헌양길 86	석쇠불고기
언양	원조옛날곰탕	(052)-262-5752	울산광역시 울주군 언양읍 장터2길 11-5	곰탕
양산	이순남순두부정식	(055)-382-6905	경남 양산시 하북면 월평로 5	순두부
안의	삼일식당	(055)-962-4492	경남 함양군 안의면 광풍로 141	갈비탕
함양	미성손맛	(010)-9962-1253	경남 함양군 함양읍 용평길 36	삼겹살

구간	상호명	전화번호	주소z	메뉴
합천	적사부	(055)-931-5033	경남 합천군 합천읍 동서로 74	중식
진주	천황식당	(055)-741-2646	경남 진주시 촉석로 207번길 3	비빔밥
진주	하연옥	(055)-746-0525	경남 진주시 진주대로 1317-20	냉면
진주	유정장어	(055)-746-9235	경남 진주시 진주성로 2	장어
사천	와룡산두부마을	(055)-833-4790	경남 사천시 미룡길 28	두부요리
광주	미미원	(062)-228-3101	광주광역시 동구백서로 218	육전
진안	초가정담	(063)-432-2469	전북 진안군 마령면 마이산남로 213	흑돼지
익산	본향	(063)-858-1588	전북 익산시 왕궁면 금광길 54-17	마정식
완주	화심순두부 본점	(063)-243-8268	전북 완주군 소양면 전진로 1051	순두부찌개
정읍	국화회관	(063)-536-5432	전북 정읍시 서부로 22	우렁쌈밥
정읍	양자강	(063)-533-4870	전북 정읍시 우암로 57	중식
정읍	모두랑쌍화탕	(063)-531-9635	전북 정읍시중앙1길 148	쌍화탕
남원	흥부골 남원추어탕	(063)-636-5686~7	전북 남원시 인월면 천왕봉로 62-8	추어탕
부안	변산명인바지락죽	(063)-584-7171	전북 부안군 변산면 변산해변로 794	바지락죽
전주	백번집	(063)-286-0100	전북 전주시 완산구 전라감영2길 15	한정식
전주	호남각	(063)-278-8150	전북 전주시 덕진구 시천로 65	한정식
전주	한국관	(063)-272-9229	전북 전주시 덕진구 기린대로 425	비빔밥
전주	고궁	(063)-251-3211	전북 전주시 덕진구 송천중앙로 33	비빔밥
전주	삼백집	(063)-284-2227	전북 전주시 완산구 전주객사2길 22	콩나물 해장국
전주	현대옥	(063)-282-7214	전북 전주시 완산구 풍남문2길 63	콩나물 해장국
담양	신식당	(061)-382-9901	전남 담양군 담양읍 중앙로 95	떡갈비
담양	덕인관	(061)-381-7881	전남 담양군 담양읍 죽향대로 1121	떡갈비
담양	한상근대통밥집	(061)-382-1999	전남 담양군 월산면 담장로 113	대통밥
나주	나주곰탕하얀집	(061)-333-4292	전남 나주시 금성관길 6-1	곰탕

구간	상호명	전화번호	주소z	메뉴
영암	독천식당	(061)-472-4222	전남 영암군 학산면 독천로 162-2	낙지요리
해남	땅끝해물탕횟집	(061)-533-6389	전남 해남군 송지면 땅끝마을길 70-6	생선회
구례	평화식당	(061)-782-2034	전남 구례군 구례읍 북교길 12	비빔밥
구례	지리산대통밥	(061)-783-0997~8	전남 구례군 마산면 화엄사로 325	대통밥
여수	한일관	(061)-654-0091	전남 여수시 봉산동 179-2	생선회
여수	경도회관	(061)-666-0044	전남 여수시 대경도길 2-2	하모요리
여수	백초횟집	(061)-644-6052	전남 여수시 돌산읍 진두해안길 42	생선회
강진	해태식당	(061)-434-2486	전남 강진군 강진읍 서성안길 6	한정식
제주	로뎀가든	(064)-783-5503	제주도 제주시 우도면 우도해안길 600	한라산 볶음밥
제주	흑돈가	(064)-747-0088	제주도 제주시 한라대학로 11	돼지구이
제주	늘봄흑돼지	(064)-744-9001	제주도 제주시 한라대학로 12	돼지구이
제주	일송회수산	(064)-764-0094	제주도 서귀포시 남원읍 위미중앙로 196번길 13	생선회
제주	황제 궁	(064)-783-8586	제주도 제주시 조천읍 남조로 3090	중식
제주	미풍해장국	(064)-749-6776	제주도 제주시 연동11길 15	해장국
제주	기똥차네	(064)-782-7766	제주도 서귀포시 성산읍 성산등용로 13-1	생선회